大厨不外传的黄金比例调酱秘诀571

日本学研社 著
颢妍 译

中国轻工业出版社

目录

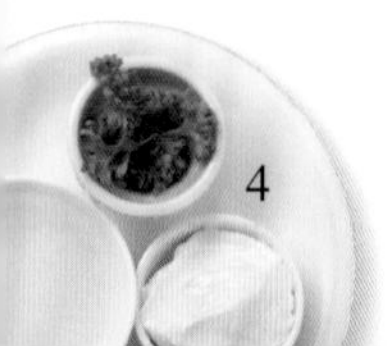

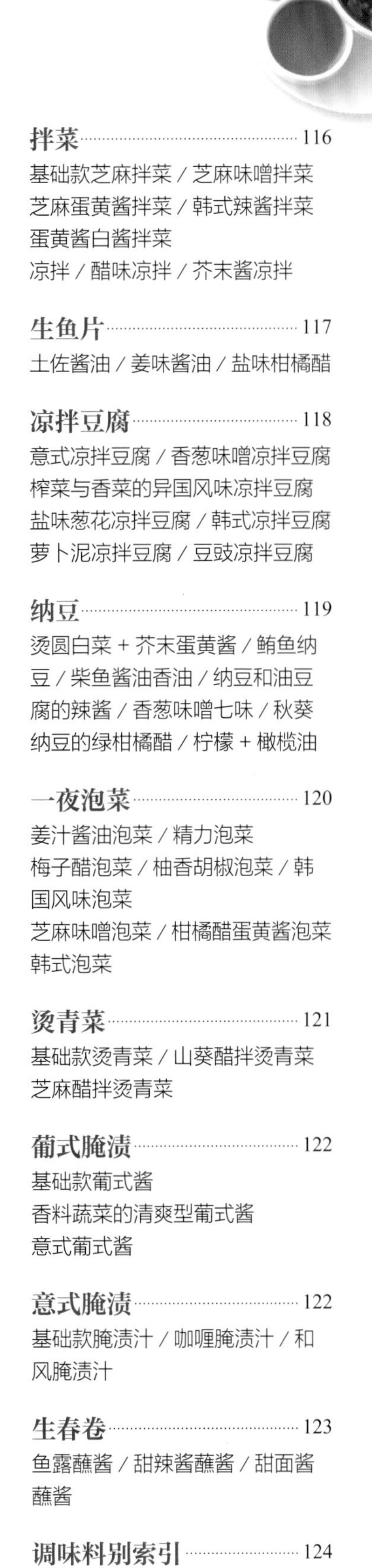

本书的活用方法

照烧

做法较简单，带有甜辣味，让人忍不住食欲大开

〈混搭酱料〉

基础款照烧汁

适用于：鸡肉、白肉鱼等

材料

酒、味醂、酱油各 1½ 大匙

砂糖 1 大匙

做法

充分混合材料后，在步骤③加入，慢火煮至收干。

辣味照烧汁

适用于：白肉鱼、鸡肉、红肉鱼等

材料

酒、味醂各 1 大匙

豆瓣酱 ½ ~ 1 小匙

酱油、砂糖各 ½ 大匙

做法

充分混合材料，在步骤③加入，慢火煮到汤汁几乎收干。

梅子酱照烧汁

适用于：鸡肉等

材料

酒、味醂、酱油、水各 1 大匙

砂糖 1 小匙　梅子肉干 ½ 大匙

做法

充分混合材料，在步骤③加入。

咖喱照烧汁

适用于：白肉鱼、猪肉、鸡肉等

材料

酒、味醂各 3 大匙　酱油 ½ 大匙

咖喱粉 1 小匙

做法

充分混合材料，在步骤③加入。

鱼露照烧汁

适用于：白肉鱼、鸡肉、猪肉等

材料

酒、蜂蜜、水各 1 大匙

鱼露 1½ 大匙　柠檬汁 2 大匙

红辣椒（切丝）1 根

做法

充分混合材料，在步骤③加入。

8

基本做法

材料（2 人份）

鸡腿肉 1 片

装饰用海苔、香菜、姜片各适量

〈混搭酱料〉适量

做法

①用叉子在鸡腿的皮上均匀戳洞。

②平底锅放适量的色拉油加热，鸡皮朝下放入，以大火煎到两面焦黄，转中火再加盖焖煎 5 分钟左右。

③将油脂清理后，加入混搭酱料煮到汤汁收干后捞出。

④切好后摆盘，放上装饰海苔、香菜、姜片即可。

用陈年酱油使成品更美

陈年酱油经加热后，会呈现带有红色的漂亮颜色，使照烧的成品看起来更漂亮。一般的酱油是用大豆和小麦以同等比例制成，陈年酱油的制作原料基本是大豆。因此就算少量使用，也能使菜品带有浓郁的香醇美味，可降低制作过程中盐的使用量也是其特征。有酱油独特的香气，也可应用在制作西式料理上。

成品图

有时会添加基本做法未标示的摆饰和配菜，请依个人喜好增减食材。

基本做法

基本的制作程序，利用〈 〉内混搭调味料，可享受各种不同的味觉体验。

混搭调味料的材料与做法

介绍混搭调味料的材料与做法，以及其活用方法。若未特别标记烹调顺序，则以基本做法为准。

分量

基本做法会标示 2 人份或 4 人份等方便烹调的分量，若未特别注明时，则以基本的食谱的人数为准，酱料的分量请根据实际情况调整。

专栏

针对调味料的原料，介绍有助于烹调的素材或调味料的相关小常识。

适用的食材

介绍适合用该酱料调味的食材。

高汤

“高汤”若未特别标注，一般是指用昆布和柴鱼熬出的日式高汤。高汤粉或高汤块选择西式高汤；若为中式料理，基本上则使用鸡高汤或鸡高汤块（粉）。若食谱上未特别标注，使用市售高汤粉或高汤块时，请依照包装上的标示进行溶解或稀释。

分量的标示

1 大匙为 15mL、1 小匙为 5mL、1 杯为 200mL。蒸饭时的一杯米则为 180mL。一块（如姜），以大拇指最前端的大小为标准。

调味料

若未特别标示调味料时，酱油为一般酱油，砂糖为白糖，味噌则指淡色味噌（味道较清爽）。

微波炉的标示

微波炉的加热时间，以 500W 的功率为标准。加热时间会因机器不同而有所区别，请视状况增减。

水淀粉

水淀粉若未特别标注时，则指用 2 倍的水稀释马铃薯淀粉而成的混合液。

烧烤、煎炒

照烧

做法较简单，带有甜辣味，让人忍不住食欲大开

〈混搭酱料〉

基础款照烧汁

适用于：鸡肉、白肉鱼等

材料

酒、味醂、酱油各 1½ 大匙

砂糖 1 大匙

做法

充分混合材料后，在步骤③加入，慢火煮至收干。

辣味照烧汁

适用于：白肉鱼、鸡肉、红肉鱼等

材料

酒、味醂各 1 大匙

豆瓣酱 ½ ~ 1 小匙

酱油、砂糖各 ½ 大匙

做法

充分混合材料，在步骤③加入，慢火煮到汤汁几乎收干。

梅子酱照烧汁

适用于：鸡肉等

材料

酒、味醂、酱油、水各 1 大匙

砂糖 1 小匙　梅子肉干 ½ 大匙

做法

充分混合材料，在步骤③加入。

咖喱照烧汁

适用于：白肉鱼、猪肉、鸡肉等

材料

酒、味醂各 3 大匙　酱油 ½ 大匙

咖喱粉 1 小匙

做法

充分混合材料，在步骤③加入。

鱼露照烧汁

适用于：白肉鱼、鸡肉、猪肉等

材料

酒、蜂蜜、水各 1 大匙

鱼露 1½ 大匙　柠檬汁 2 大匙

红辣椒（切丝）1 根

做法

充分混合材料，在步骤③加入。

基本做法

材料（2 人份）

鸡腿肉 1 片

装饰用海苔、香菜、姜片各适量

〈混搭酱料〉适量

做法

①用叉子在鸡腿的皮上均匀戳洞。

②平底锅放适量的色拉油加热，鸡皮朝下放入，以大火煎到两面焦黄，转中火再加盖焖煎 5 分钟左右。

③将油脂清理后，加入混搭酱料煮到汤汁收干后捞出。

④切好后摆盘，放上装饰海苔、香菜、姜片即可。

用陈年酱油使成品更美

陈年酱油经加热后，会呈现带有红色的漂亮颜色，使照烧的成品看起来更漂亮。一般的酱油是用大豆和小麦以同等比例制成，陈年酱油的制作原料基本是大豆。因此就算少量使用，也能使菜品带有浓郁的香醇美味，可降低制作过程中盐的使用量也是其特征。有酱油独特的香气，也可应用在制作西式料理上。

纸包烧

就在打开铝箔纸的瞬间，幸福的香气马上散发出来

基本做法

材料（2 人份）
虾 2 个　大蒜 2 瓣
蛤蜊 2 个　盐、胡椒粉各适量
扇贝柱 2 个　色拉油适量
蟹味菇 15g　〈烧烤酱料〉适量
乌贼块 1 小碗　蘸料适量

做法

①虾去肠泥、洗净后拭去水分，撒上适量盐。乌贼块撒上适量盐。扇贝柱撒上适量盐。把蟹味菇根部去除、蛤蜊吐沙后洗净。
②摊开铝箔纸，在中央涂上适量的色拉油，将所有食材放在上面，淋上烧烤酱料、撒适量胡椒粉后包起来。
③放入以 200℃预热好的烤箱中，烘烤 10 ~ 15 分钟，倒入蘸料即完成。

〈烧烤酱料〉

基础款纸包烧汁

适用于：白肉鱼
材料
酱油、黄油各 1 大匙
白酒 2 大匙
做法
酱油、白酒和黄油混合，加入步骤②中，淋在蔬菜和菇类上面。

芝麻味噌烧

适用于：白肉鱼
材料
味噌 2 大匙　砂糖 1 大匙
高汤或水 2 小匙　白芝麻粉 1 小匙
盐、色拉油各少量
做法
材料拌匀后，在步骤②中加入。

柠檬盐烧

适用于：鸡肉等
材料
葱末 1 大匙　柠檬汁 ½ 大匙
蒜泥、香油各 ½ 小匙
盐 1 小匙　粗粒黑胡椒粉适量
做法
材料拌匀后，在步骤②中加入。

〈蘸料〉

梅子酱

适用于：白肉鱼、贝类等
材料
梅子肉干 1 个　高汤 ⅓ 杯
酱油、醋各 1 小匙
水淀粉 2 小匙（马铃薯淀粉和水的比例 1：1）
做法
梅子肉干放入小锅，加入高汤、酱油、醋拌匀。开小火待沸腾后加入水淀粉，汤汁变黏稠后熄火，在步骤③中加入。

柠檬酱油酱

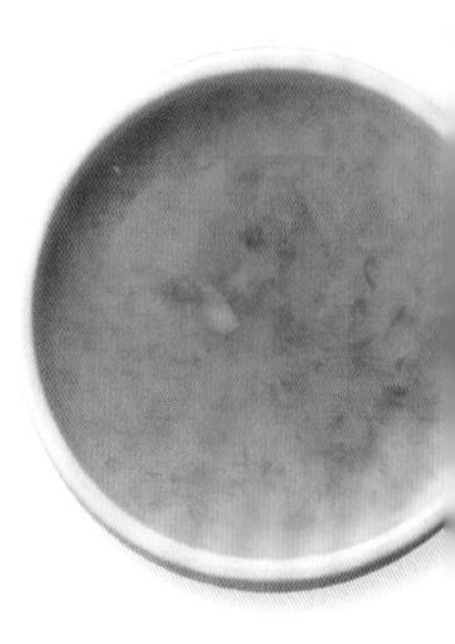

适用于：鸡肉、白肉鱼等
材料
高汤、柠檬汁各 2 小匙　酱油 1 小匙
做法
材料拌匀后，在步骤③中添加。

串烧

利用各种酱料变化，带来小吃的绝妙口感与多重乐趣

〈串烧酱〉

辣味味噌酱

适用于：鸡肉、猪肉等

材料

味噌 1 大匙　醋 ½ 大匙

豆瓣酱、砂糖各 ½ 小匙

盐少量　色拉油 1 小匙

做法

所有材料拌匀即可使用。

沙嗲酱

适用于：鸡肉、猪肉、根茎类等

材料

花生黄油（无糖）　椰奶各 1 大匙　白芝麻粉、中浓酱各 ½ 大匙　酱油、砂糖、柠檬汁各 ¼ 小匙　蒜泥、姜泥各 ¼ 小匙　盐少量　干红辣椒 1 根

做法

干红辣椒放入水中浸泡后，洗净、去除蒂和种子再切碎。将所有材料放进碗里拌匀。

蛋黄酱

适用于：牛肉、鸡肉、鱼贝类等

材料

蛋黄酱 2 大匙

原味酸奶 1 大匙

蒜泥、盐、胡椒粉各适量

做法

所有材料拌匀即可使用。

辣味酱

适用于：牛肉、鸡肉等

材料

醋 2 大匙　砂糖 2 小匙

酱油、辣豆瓣酱各 1 小匙

香油 ½ 小匙

蒜泥适量

做法

所有材料拌匀即可使用。

基本做法

材料（2 人份）

鸡腿肉 1 片　黄油 1 小匙

蒜（捣泥）¼ 瓣　〈串烧酱〉适量

水 1½ 大匙

做法

①鸡腿肉切成适口大小后放进碗里，加入蒜泥、水以及放室温软化的黄油一起搓揉，静置至少 15 分钟。

②以 3 个为一组将鸡肉插在竹签上，皮的部分涂抹少量色拉油（分量外），放在烤架上以大火烤到表皮焦脆。

③摆盘，添加对切的柠檬片和串烧酱。

鸡肉丸的做法

材料（2 人份）

鸡肉馅 200g　面粉 ½ 大匙

葱（切末）¼ 根　盐少量　色拉油 1 小匙

姜末 1 小匙　鸡肉丸的酱汁适量

做法

①鸡肉馅中加入葱末、姜末、面粉、盐拌匀，分成 12 等分，中央部分压扁。

②平底锅加入 1 小匙色拉油加热，放入揉圆的肉馅并列排好，用中火煎约 2 分钟，待大致熟透后翻面再煎 2 分钟左右。加入鸡肉丸的酱汁，煮到汤汁收干。

鸡肉丸的酱汁

适用于：鸡肉、猪肉等

材料

酱油、味醂各 4 大匙

砂糖 1 大匙

做法

将材料放进锅内加热，煮沸后转小火再煮约 10 分钟，即可。

烤肉

动手自己做酱料，
可以让家里的烤肉
口感与美味大大升级

〈蘸料〉

萝卜泥酱

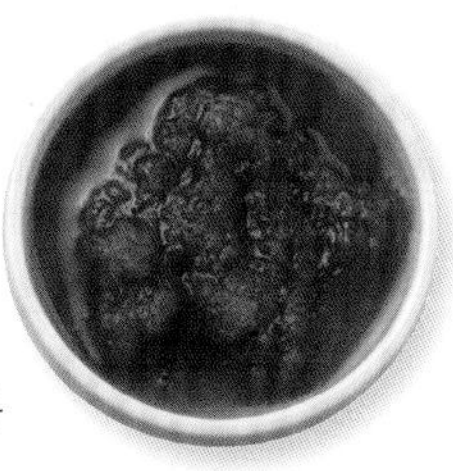

材料

高汤、酱油、柑橘醋各 1½ 大匙

萝卜泥 ½ 杯

做法

把萝卜泥滤掉多余的水分，并将所有材料拌匀。

甜辣酱

材料

酱油、韩式辣椒酱各 1½ 大匙

酒、砂糖、葱末、苹果汁各 1 大匙

白芝麻粒 ½ 大匙　香油 2 小匙

姜汁、蒜泥、柠檬汁各 1 小匙

胡椒粉少许

做法

所有材料拌匀即可使用。

咸味酱

材料

盐、蒜泥各 1 小匙

葱末 2 大匙

香油 1 大匙　粗粒黑胡椒粉少量

做法

所有材料拌匀即可使用。

番茄酱

材料

西式高汤、酱油各 ¼ 杯

辣酱油、番茄酱、辣油各 1 大匙

做法

所有材料拌匀即可使用。

辣椒酱

材料

酱油、柑橘醋各 ¼ 杯

辣味番茄酱、酒各 1 大匙

味醂 2 小匙

做法

所有材料拌匀即可使用。

〈腌料〉

酱油基底

适用于：鸡肉等

材料

酱油 2 大匙　红酒、苹果泥各 1 大匙

蜂蜜、香油各 1 小匙　胡椒粉少许

做法

所有材料拌匀后用来腌肉。

味噌基底

适用于：猪肉等

材料

味噌、酱油、味醂、砂糖、香油、白芝麻粉各 1 大匙

蒜末 1 小匙　醋 ½ 大匙

辣椒粉、胡椒粉各少量

做法

所有材料拌匀后用来腌肉。

香油・大蒜基底

适用于：牛肉等

材料

酱油、酒、香油各 2 大匙

砂糖、苹果汁、红酒各 1 大匙

白芝麻粒 1½ 大匙　蒜泥 1 小匙

八角、辣椒油、胡椒粉各少量

做法

所有材料拌匀后用来腌肉用。

番茄酱基底

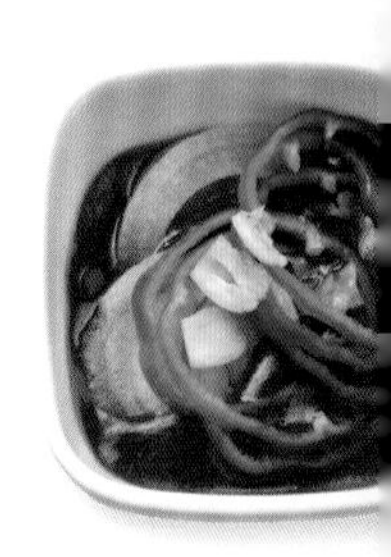

适用于：猪肝等

材料

番茄酱 4½ 大匙

辣酱油 1 大匙　酒 2 小匙

色拉油 2 小匙　干红辣椒 2 根

洋葱 ⅓ 个

青椒 ½ 个　大蒜 ½ 瓣

做法

材料洗净。洋葱、青椒切成圈，大蒜切成薄片，所有材料拌匀后即可用来腌肉。

荷包蛋

加入特调酱料，
寻常的荷包蛋
就会别有一番风味

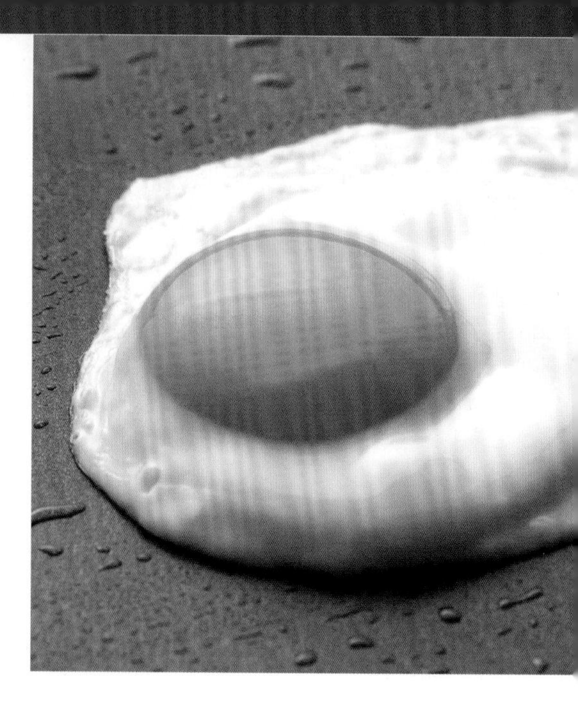

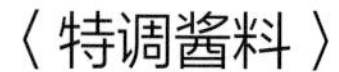

辣味蛋黄酱

材料（容易制作的分量）
蛋黄酱 4 大匙
黄芥末酱 ½ 小匙
盐、胡椒粉各少量
做法
所有材料拌匀即可使用。

小茴香柠檬酱

材料（容易制作的分量）
小茴香籽（带壳）1 小匙
盐 3 大匙
柠檬皮屑 1 小匙
做法
用研钵稍微磨碎小茴香籽，再和其他的材料拌匀。

葱酱

材料（容易制作的分量）
细葱 ¼ 把
鱼露 3 大匙
醋、色拉油各 4 大匙
砂糖 2 大匙
蒜末 1 小匙
干红辣椒（切圈）1 个
做法
细葱切成末，放入耐热碗里。平底锅放色拉油加热，放入蒜末拌炒至有香味，连油一起倒进碗里，再加入剩下的材料拌匀。

七味盐

材料（容易制作的分量）
盐 3 大匙
七味唐辛粉 ½ 小匙
做法
将盐研磨成粉末状，加入七味唐辛粉拌匀。

辣酱

材料（容易制作的分量）
面味露（原味）¾ 杯
香油 3 大匙
豆瓣酱 1½大匙
做法
所有材料拌匀。

基本做法

材料（1 人份）
鸡蛋 1 个
做法
①把鸡蛋放在室温条件下回温。
②平底锅倒入色拉油以中火加热，待油热后转成小火。
③将鸡蛋打入锅里，煎 3 ~ 4 分钟，待蛋黄周边的蛋白凝固后即完成。如果只煎单面，则还要加热约 3 分钟。淋入喜欢的特调酱料再享用。

松露盐带来奢华气氛

松露在欧洲是备受欢迎的时令高档食材，也是世界三大美味之一。松露盐和鸡蛋是绝配。也能应用在沙拉、炸马铃薯、意大利面等食物的烹饪。只要稍微撒一点，平淡无奇的荷包蛋会立刻变身为高档美味。

玉子烧

基本做法

材料（4 个）

鸡蛋 4 个

〈混搭调味料〉适量

做法

①将蛋液倒进碗里并搅匀，加入混搭调味料拌匀。玉子烧专用煎锅用中火加热再淋上色拉油，倒入 ⅓ 蛋液铺满锅底，等边缘部分熟了再往自己方向卷回。

②空出的锅面再均匀抹上色拉油，倒入 ½ 剩下的蛋液，再往自己方向卷回。

③以和②相同的方式，倒入剩下的蛋液，煎熟即可。

〈混搭调味料〉

基础款高汤鸡蛋卷

材料

高汤 4 大匙

砂糖 ½ 大匙　盐少量

酱油 2 ~ 3 滴

做法

所有材料拌匀，再加入步骤①的蛋液里。

甜味玉子烧

材料

砂糖 3 ~ 3½ 大匙

盐 ½ 小匙　酒 3 大匙

做法

所有材料拌匀，加入步骤①的蛋液里。

蛋黄酱玉子烧

材料

蛋黄酱、砂糖各 2 大匙

樱花虾 1 大匙

青海苔粉 ½ 小匙　盐少量

做法

所有材料拌匀，加入步骤①的蛋液里。

欧姆蛋

基本做法

材料（1 人份）

鸡蛋 3 个　　鲜奶油 ½ 大匙

盐、胡椒粉各少量　　黄油 1 小匙

做法

①打蛋放进碗里，用打蛋器充分搅拌到起泡，再以滤网过滤，加入盐、胡椒粉、鲜奶油拌匀。

②平底锅倒入黄油后缓缓倒入蛋液，开大火一面摇晃平底锅，一面用筷子快速搅拌蛋液。

③待呈现半熟状态时对折，再快速煎干两面后，捞出、摆盘，根据个人喜好淋上酱料。

〈酱料〉

自制番茄酱

材料（容易制作的分量）

番茄中等大小 2 个

A［砂糖 2 小匙　盐、醋各 ½ 小匙

蔬菜汁 1 大匙

干红辣椒（对切剖开去掉籽）1 根

黑胡椒粉、肉桂粉各少量］

月桂叶少量

做法

①番茄去皮、剔除籽，切成小块状。A 放入锅中，以中火加热 1 分钟。待冒出蒸汽后加入月桂叶，煮到沸腾关小火，边搅拌边煮约 10 分钟。

②待整体色泽转深、水分减少后，取出月桂叶和干红辣椒，再以小火边搅拌边加热到变浓稠，并且聚在锅底的状态即完成。

简易番茄酱

材料（2 人份）

番茄酱 2 大匙

中浓酱 1 大匙

糖 2 小匙　黄油 1 大匙

做法

材料充分拌匀后，放入锅里煮到变浓稠。

牛排

这是一道在餐桌上
绝对会成为主角的佳肴，
多彩酱料有锦上添花的妙趣

〈酱料〉

莳萝酱

材料

莳萝（洗净）100g
高汤粉少量
热开水 1 大匙
蛋黄酱 ¼ 杯
日式黄芥末 ½ 小匙
薄盐酱油、盐各少许

做法

莳萝连茎一起切末，将高汤粉和热开水放入碗里拌匀，待冷却后放入其他材料充分拌匀。

梅子肉干酱

材料

醋、洋葱泥、橄榄油、水各 1 大匙
梅子肉干 2 个　胡椒粉少量

做法

所有材料拌匀即可使用。

新鲜番茄酱

材料

番茄 75g　黄油 ½ 大匙
盐、胡椒粉各少量

做法

番茄泡热水去皮、取出籽，切成小块状。黄油放锅中加热，化开后放入番茄丁快速翻炒后再添加盐、胡椒粉调味即可。

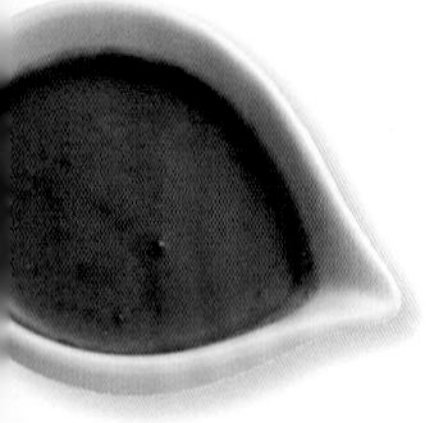

红酒酱

材料

洋葱末、芹菜末各 1 大匙
红酒 ¼ 杯
黄油 2½ 大匙
胡椒粉少量
盐 ½ 小匙

做法

小锅里放入洋葱末、芹菜末、红酒，以中火加热到沸腾转小火，要不时地搅拌到水分几乎收干为止后熄火。加入黄油后以搅拌器拌到起泡，最后添加盐、胡椒粉即可。

鲔鱼酱

材料

鲔鱼罐头 ½ 小罐（40g）　大蒜 1 瓣
腌鳀鱼 1 片　蛋黄 1 个
橄榄油 ¼ 杯
蛋黄酱、柠檬汁各 1 大匙
法式芥末酱 ½ 小匙
盐、白胡椒粉各少量

做法

罐头鲔鱼先滤掉汤汁，大蒜切成薄片。把所有材料放进食物调理机搅拌到呈光滑状，加盐调味。

黄油酱

材料

黄油 3½ 大匙
柠檬汁、欧芹末各 1 小匙

做法

黄油放室温回软后，加入柠檬汁、欧芹末拌匀即可。

蛋黄酱咖喱酱

材料

蛋黄酱 2 大匙
咖喱粉 ½ 大匙
煮到浓缩成一半的味醂 1 大匙
柠檬汁 ½ 小匙
欧芹末 2 大匙

做法

将除欧芹末以外的所有材料拌匀，最后再加入欧芹末搅拌即可。

芥末籽酱

材料

芥末籽 1 大匙
黄油 ½ 大匙

做法

把芥末籽放进刚煎好肉的平底锅里炒熟，再加入黄油拌到化开即完成。

熟炒洋葱酱

材料

黄油 1 大匙
洋葱（中等大小，切片）½ 个
蒜末、柠檬皮屑各 ½ 大匙
砂糖、盐、胡椒粉各少量

做法

黄油放入平底锅加热，放入洋葱、大蒜、柠檬皮拌炒，待洋葱皮呈略微焦化后，加入盐、胡椒粉、砂糖拌匀后即可。

牛排的煎法

①牛肉恢复至室温，两面以牛肉用量 1% 的盐和适量胡椒粉涂抹。

②平底锅放少许色拉油加热，先以中火偏强火煎摆盘时在上方的那一面约 1 分钟（肉片较薄的则减少到 40 ~ 50 秒）。

③翻面后煎 2 ~ 3 秒后，连同平底锅放到湿抹布上，等听不到锅底“嘶嘶”声后，再放回火炉上以小火煎到喜欢的熟度，最后淋上喜欢的酱料即可享用。

牛排要搭配岩盐

海盐含有的盐卤成分，具有使蛋白质凝固的作用，因此不适合用来抹生牛排。岩盐的溶解速度略慢，因此在煎牛排时可以锁住肉汁。在煎好的牛排上撒些许粗粒岩盐，可享受到表面颗粒的口感和盐的美味。

汉堡肉

用留在平底锅的肉汁
当作制作酱料的秘密武器，
让美味再升级

〈汉堡肉酱料〉

基础款酱汁

材料
红酒 4 大匙
番茄酱 3 大匙
辣酱油、芥末酱各 1½大匙
砂糖 ½ 小匙
做法
红酒放入平底锅加热煮到剩一半的量，再加入剩下的所有材料煮一下即完成。

蒜味黄油酱油

材料
黄油 1½ 大匙
酱油 2 大匙
大蒜（切薄片）1 瓣
做法
在煎汉堡肉之前，先用油炒香大蒜片再取出。待煎好汉堡肉之后，轻轻拭去平底锅里的油分，转小火加入黄油、酱油加热，等黄油化开后即完成。

红酒酱

材料
番茄汁 ½ 杯　红酒 1 大匙
辣酱油 ½ 大匙
砂糖 ¼ 大匙
高汤粉、蒜粉、洋葱粉、盐、胡椒粉各少量
做法
锅里放入番茄汁、红酒、辣酱油、砂糖、高汤粉，以小火煮 2 ~ 3 分钟。加入蒜粉、洋葱粉、盐、胡椒粉拌匀即完成。

基本做法

材料（2 人份）
洋葱 ⅛ 个　面包粉 1½大匙
混合肉馅（猪、牛等）200g
盐、胡椒粉、肉豆蔻各少量
色拉油 ½ 大匙
〈汉堡肉酱料〉适量
做法
①洋葱切末、面包粉用等量的牛奶（分量外）浸泡。
②将步骤①的食材与混合肉馅、盐、胡椒粉、肉豆蔻放进碗里拌匀。分成 2 等份，整形成小圆饼状，中央稍微压扁。
③平底锅放色拉油，以大火加热，放入步骤②的肉饼煎到上色后翻面，盖上锅盖转小火焖煎约 10 分钟，取出、摆盘，淋上汉堡肉酱料即完成。

洋葱是美味调味料

在西式料理中，洋葱是含有“美味成分”食材的代表。若做成汉堡肉，则洋葱里含量丰富的谷氨酸和肉馅的肌苷酸结合，更强化了美味口感。虽然洋葱在煎炒后会更加美味，但加入生洋葱也能使食物更美味且带有微辣的口感。

和风萝卜泥酱

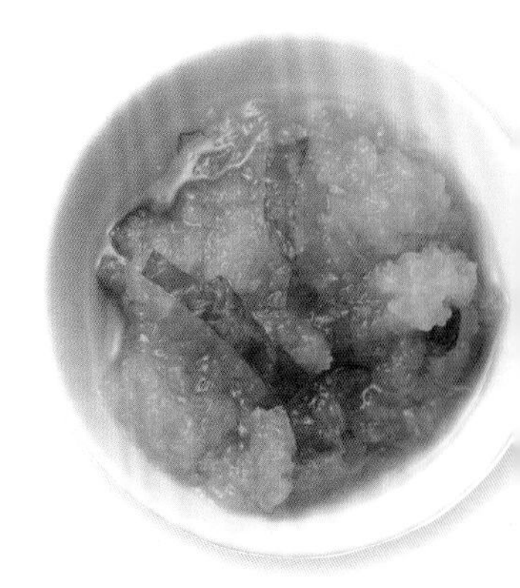

材料

面味露（原味）4 大匙

萝卜泥 1 杯

青紫苏切细丝 5 片

做法

所有材料拌匀即可使用。

夏威夷酱

材料

黄油 1 大匙　洋葱 ⅛ 个　芹菜 ⅓ 根

菠萝汁 4½ 大匙　白酒 2 大匙

胡椒粉 ½ 小匙

高汤粉 1 小匙　玉米水淀粉 ½ 大匙

菠萝（罐装）1 片

做法

洋葱、芹菜洗净切成小块状，锅烧热后放入黄油加熟后炒到熟透。加入菠萝汁和白酒，转小火煮 1 ~ 2 分钟。加入高汤粉、胡椒粉调味，玉米水淀粉调匀后勾芡。菠萝切成 8 等份，加入酱料里即可。

芝麻酱

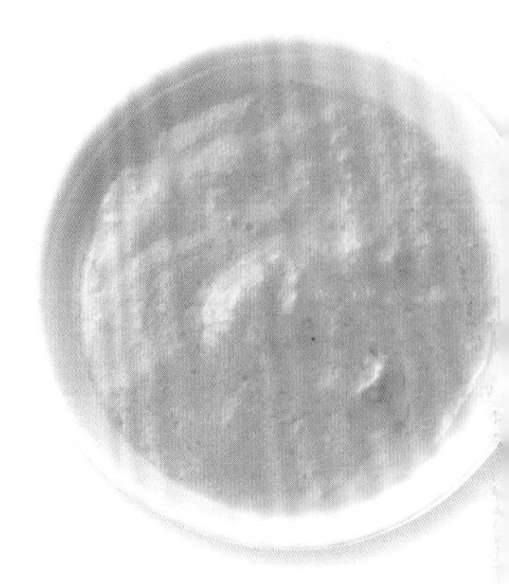

材料

白芝麻酱 2 大匙　醋 2 大匙

砂糖、香油各 1 大匙

酱油 ½ 大匙

辣油少量

做法

所有材料拌匀即可使用。

炸肉排

制作前要尽量将肉敲成薄肉片可节省油炸时间，入口也会更美味

基本做法

材料（2人份）
猪里脊肉（炸猪排用）2片
盐½小匙
胡椒粉适量
鸡蛋1个
起司粉1大匙
炸肉排的面衣适量
橄榄油2大匙
炸肉排的酱料适量

做法
①猪里脊肉切掉筋的部分，撒盐、胡椒粉，逐片以保鲜膜包覆，以擀面杖敲打到0.5厘米以下的厚度。
②将鸡蛋打入碗里，加起司粉拌匀。炸肉排面衣用的面包粉以较细的筛子过筛，肉裹满蛋液后，蘸上炸肉排的面衣。
③平底锅倒入橄榄油加热，放入步骤②的肉片用中小火煎，待上色后翻面，炸至颜色均匀取出摆盘，淋上炸肉排的酱料。

〈炸肉排的酱料〉

番茄酱

适用于：猪肉等
材料
水煮番茄（罐头）200g
蒜（切末）½瓣　洋葱泥⅛个
橄榄油1½大匙　白酒1大匙
盐、胡椒粉各少量
番茄酱1大匙　罗勒（切碎）5片
做法
大蒜、洋葱、橄榄油放锅里开大火炒，待大蒜稍微上色后加入白酒焖煮3～4分钟。加盐、胡椒粉调味，冷却后加入沥干水分的水煮番茄和番茄酱，加入罗勒叶碎拌匀即可。

西式梅子酱

适用于：鸡肉等
材料
洋葱泥、橄榄油、水各1大匙　胡椒粉少量
梅子肉干（大）2个
做法
所有材料拌匀即完成。

罗勒酱

适用于：鸡肉等
材料
罗勒（大）8片　巴西利3枝
番茄½个　蒜末1小匙
酸豆（切末）1大匙　干红辣椒1根
橄榄油4大匙　盐、胡椒粉各少量
做法
罗勒和巴西利撕成小碎片，番茄去籽后切小块、干红辣椒对切去籽。锅中倒入橄榄油、蒜末、干红辣椒加热，炒香后加入罗勒、巴西利增香。拌入酸豆和番茄、熄火，加入盐、胡椒粉、橄榄油拌匀。

味噌酱

适用于：猪肉等
材料
高汤2½大匙　味噌2大匙　砂糖1½大匙
酱油1小匙　芥末粉½小匙
做法
锅中放入芥末粉以外的所有材料拌匀，开中火加热、搅拌1～2分钟，移开火炉后添加芥末粉。

〈炸肉排的面衣〉

米兰风味炸肉排面衣

材料
面包粉½杯
欧芹末½大匙
起司粉3大匙
做法
拌匀所有材料，在制作过程中即可当作面衣使用。

蒜味炸肉排面衣

材料
面包粉½杯
干燥欧芹1大匙
起司粉1大匙
蒜（切末）1瓣
柠檬皮屑、盐、胡椒粉各适量
做法
拌匀所有材料，在制作过程中即可当作面衣使用。

嫩煎肉排

基本做法

材料（2 人份）

猪里脊肉（炸猪排用）2 片

盐 ¼ 小匙以下

粗粒黑胡椒粉适量

〈调味酱料〉适量

做法

①里脊肉切掉筋的部分，两面撒盐、胡椒粉，静置 5 ~ 10 分钟待入味。

②平底锅放 1 大匙色拉油加热，猪肉并排放入，待煎到微焦后翻面，煎肉时要避免烧焦。摆盘，淋上调味酱料。

〈调味酱料〉

蒜香黄油酱

适用于：白肉鱼、贝类等

材料

黄油 ½ 大匙

蒜末 ½ 瓣

洋葱末 ½ 大匙

欧芹末 ½ 大匙

做法

肉煎到上色后加入所有材料拌一下，待闻到蒜香味后即可熄火。

蛋黄酱酱油

适用于：鸡肉、白肉鱼等

材料

蛋黄酱 2 大匙

酱油、牛奶各 1 大匙

做法

所有材料拌匀，等肉煎到上色后，淋适量酒（分量外），加入拌匀的调味料拌炒，一面摇晃平底锅一面煎到酱料有黏稠感。

苹果酱

适用于：猪肉等

材料

苹果泥 ½ 个　洋葱末 ⅙ 个

黄油、辣酱油、番茄酱各 1 大匙

红酒 1½ 大匙

芥末酱、肉桂粉、胡椒粉各少量

做法

黄油放进煎好肉的平底锅加热至化开，再放入洋葱炒香，加入剩下的材料，转小火煮。

异国风味酱

适用于：白肉鱼、猪肉等

材料

鱼露、砂糖、柠檬汁各 1 大匙

蒜（切末）1 瓣　干红辣椒（切圈）1 根

色拉油 1 大匙

做法

肉煎好后清理掉平底锅里的油分，以中火加热 1 大匙色拉油，放入蒜末、干红辣椒圈拌炒。待闻到香味后，再加入剩下的材料拌一下。

紫苏味噌酱

适用于：猪肉等

材料

青紫苏 8 片　味噌、酒各 1½ 大匙

水 1 大匙　盐、胡椒粉、色拉油各适量

做法

将青紫苏以外的材料拌匀，放入煎好肉的平底锅里，以中火拌炒约 30 秒，加入青紫苏细丝拌匀即可使用。

简易热那亚风味酱

适用于：鸡肉等

材料

香菜末 3 大匙　起司粉 2 小匙

柠檬汁 1 小匙　盐 ¼ 小匙

橄榄油、白芝麻粉各 1 大匙

欧芹适量

做法

所有材料拌匀即完成。

荷兰酱

适用于：猪肉、白肉鱼等

材料

醋、水各 2 大匙　蛋黄 2 个

黄油 4 大匙　柠檬 ¼ 个

做法

小锅放入醋和水，以小火煮到汤汁收至一半，停止加热稍作冷却，再加入蛋黄快速搅拌到呈浓稠、滑顺的乳状。加入黄油后拌匀，最后加入柠檬汁。

香煎肉排

有着口感松软的面衣，搭配香草的香味，无比诱人

基本做法

材料（2 人份）
猪里脊肉块 200g
盐、粗粒黑胡椒粉各适量
色拉油 ½ 大匙
〈香煎肉排的面衣〉适量
〈香煎肉排的酱料〉适量

做法
①猪里脊肉切成 1 厘米厚的片，用手掌轻轻推开，撒盐、粗粒黑胡椒粉。
②平底锅倒入色拉油加热，用肉片蘸裹面衣，转至中小火煎到两面都熟到恰到好处，摆盘后淋上香煎肉排的酱料。

〈香煎肉排的酱料〉

意式番茄酱

适用于：猪肉或鸡肉等

材料
洋葱（切末）¼ 个　橄榄油 2 小匙
水煮番茄（小罐装）½ 罐（100g）
番茄糊 1½ 大匙
砂糖 ½ 小匙　盐 ½ 小匙
干罗勒叶碎 ½ 大匙　胡椒粉少量

做法
平底锅倒入橄榄油加热，放入洋葱末拌炒约 5 分钟，加入其他所有材料。煮沸后关小火，慢煮到有黏稠感。

白酒番茄酱

适用于：牛肉或猪肉等

材料
蒜（切末）⅓ 瓣　洋葱（切末）¼ 个
白酒 4 大匙
番茄酱 3 大匙
黑胡椒粉、月桂叶（粉末）各少量
色拉油 1½ 大匙

做法
平底锅倒入色拉油加热，放入大蒜和洋葱，炒到洋葱变软。再加入白酒略煮，最后加入番茄酱和黑胡椒粉、月桂叶拌匀即完成。

咖喱黄油酱

适用于：白肉鱼或猪肉等

材料
白酒 2 大匙
咖喱粉 2 小匙
鲜黄油 4½ 大匙
柠檬汁 2 小匙
盐 ½ 小匙

做法
平底锅加热后，倒入白酒煮掉酒味，再加入其他材料拌煮到呈黏稠状即完成。

〈香煎肉排的面衣〉

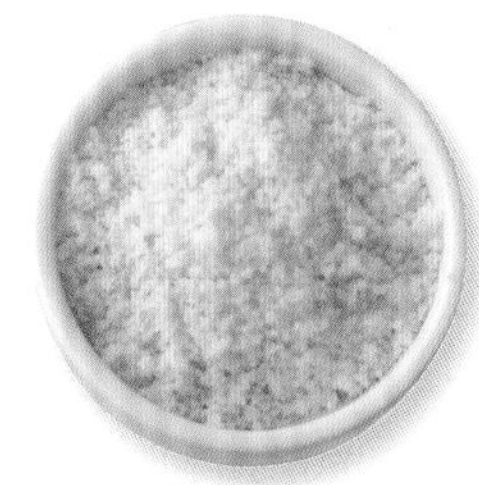

基础款香煎肉排面衣

适用于：猪肉等

材料
鸡蛋 1 个　帕玛森起司粉 3 大匙

做法
鸡蛋打散加入帕玛森起司粉拌匀，也可以作为制作香煎肉排基础配料使用。

蒜味面衣

适用于：鸡肉、猪肉等

材料
鸡蛋 1 个　帕玛森起司粉 2 大匙
干燥欧芹 1 大匙　蒜（捣泥）¼ 瓣

做法
鸡蛋打散后加入所有材料拌匀，作为制作香煎肉排的基础配料使用。

香草面衣

适用于：鸡肉等

材料
鸡蛋 1 个　干燥欧芹 1 大匙
青紫苏 2 ~ 3 片
胡椒粉 ½ 小匙

做法
青紫苏切成碎末，鸡蛋打散加入其他材料拌匀，作为制作香煎肉排的面衣的基础配料使用。

法式黄油煎鱼

微焦的黄油香气，
让人忍不住想大口品尝

基本做法

材料（2人份）
鲑鱼2片
盐、胡椒粉各少量
黄油½大匙
〈法式黄油煎鱼的酱料〉适量

做法
①鲑鱼抹盐、胡椒粉，整片薄薄地裹上一层面粉（分量外）。
②黄油放进平底锅加热至化开，并排放入鲑鱼，用中火煎到整片泛白时，再翻面煎到熟透。
③完成后摆盘，淋上法式黄油煎鱼的酱料，依喜好在鱼肉上放黄油块。

〈法式黄油煎鱼的酱料〉

白酒酱

材料
黄油2大匙　白酒2大匙　盐½小匙
柠檬汁1大匙　胡椒粉少量

做法
黄油放进耐热碗，覆上保鲜膜放入微波炉（500W）加热45～50秒。取出碗，放入剩下的材料拌匀。放进煎好鲑鱼的平底锅，慢火煮到酒精蒸发。

蒜味奶油酱

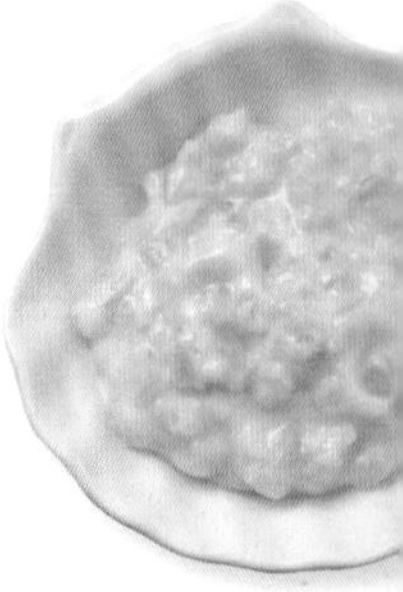

材料
蒜（切末）1瓣　洋葱（切末）¼个
面粉1小匙　牛奶⅓杯
盐½小匙　胡椒粉少量　橄榄油2大匙

做法
煎过鲑鱼的平底锅拭去油分，放入橄榄油、蒜末、洋葱末，以中火拌炒。待闻到香味后加面粉，炒到粉粒状消失。加入牛奶转成大中火，一面搅拌一面续煮约1分钟，加入盐、胡椒粉拌匀。

柠檬蛋黄酱

材料
蛋黄酱1½大匙　柠檬汁1大匙
柠檬皮末、欧芹末各适量
砂糖½小匙　盐、粗粒黑胡椒粉各适量

做法
所有材料拌匀。

意式陈年葡萄醋酱

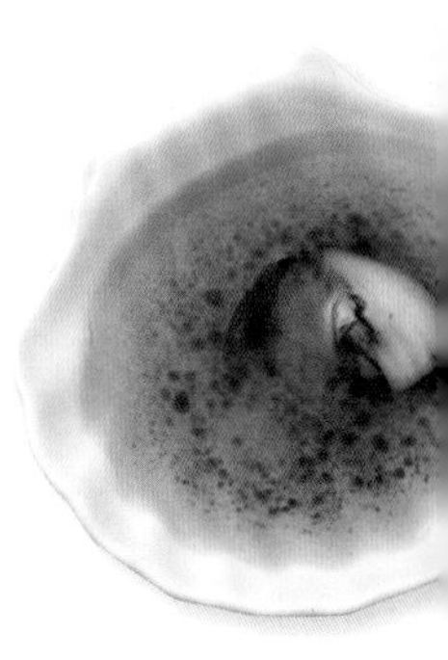

材料（容易制作的分量）
意式陈年葡萄醋2小匙　盐、胡椒粉各少量
大蒜油1小匙

材料
大蒜3瓣　干红辣椒1根　橄榄油1½杯

做法
大蒜去皮后压碎、干红辣椒去蒂及籽，把橄榄油和大蒜、辣椒放入瓶内浸渍1天。

酱料的做法
把平底锅剩余的油脂擦干，加入意式陈年葡萄醋，利用锅的余温煮掉酸味。加入大蒜油，用盐、胡椒粉调味即完成。

昆布美味酱

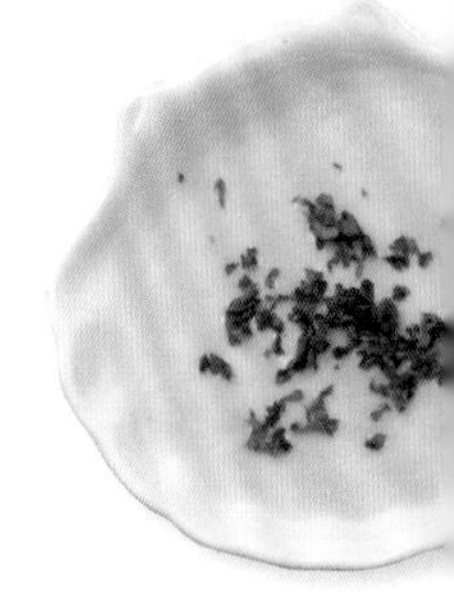

材料
昆布高汤5大匙
鲜奶油、芥末酱各1½大匙
黄油（无盐）1½大匙
欧芹末适量

做法
高汤放入锅里煮开后，放入鲜奶油、芥末酱搅拌。煮开后再加入黄油，一面用搅拌器搅拌，慢火煮到有黏稠感，最后撒上欧芹末熄火。

香草烤肉

烤到刚好酥脆的面衣，
搭配各种特调香草的香味，
品尝时就是一大享受

基本做法

材料（2人份）

鸡胸肉1片

盐、胡椒粉各适量

颗粒芥末酱1大匙

橄榄油1大匙

〈香草烤肉的面衣〉适量

做法

①鸡胸肉切成块，撒盐、胡椒粉。

②将鸡胸肉放在涂抹½大匙橄榄油的铝箔纸上，涂抹颗粒芥末酱，再涂抹香草烤肉的面衣。

③淋上剩下的橄榄油，烤箱预热至230°C，烘烤5～6分钟至熟，即可取出。

〈香草烤肉的面衣〉

基础款面衣粉

适用于：青鱼、白肉鱼等

材料

帕玛森起司粉1小匙　盐¼小匙

胡椒粉少量　牛至叶粉½小匙

百里香¼小匙　面包粉（干燥）⅓杯

做法

把所有材料拌匀，就可以作为香草烤肉的面衣使用。

酱油面衣粉

适用于：猪肉等

材料

欧芹末1大匙　蒜泥少量

初榨橄榄油1½大匙

酱油1小匙　面包粉（干燥）¼杯

做法

所有材料拌匀，就可以作为香草烤肉的面衣使用。

蒜味面衣粉

适用于：鸡肉等

材料

欧芹末1大匙

迷迭香末1枝

面包粉（干燥）1杯　起司粉1大匙

蒜（切末）½瓣

做法

所有材料拌匀，就可以作为香草烤肉的面衣使用。

青紫苏面衣粉

适用于：鸡肉或青鱼等

材料

青紫苏末5片

欧芹末2大匙

面包粉（干燥）½杯　白酒1大匙

做法

所有材料拌匀，就可以作为香草烤肉的面衣使用。

混搭香草可以依个人喜好方式调配乐趣无穷

香草依自己喜好去调配，更能享受使用时的乐趣。适合为蛋类食材增香的香草，例如：百里香、欧芹、罗勒；适合为肉类食材调味的香草，例如：鼠尾草、月桂叶、百里香等；适合在炖煮过程中加入的香草，例如：百里香、月桂叶、牛至叶等，按照类别准备更方便。

煎饺

基本做法

材料（24 个）
猪肉馅 200g　圆白菜 3 片
酱油 2 大匙　葱 ½ 根
酒 1 大匙　姜 1 片　大蒜 1 瓣
香油 ½ 大匙　水饺皮 24 张
盐、胡椒粉各适量　〈蘸料〉适量

做法

①猪肉馅放在碗里，加入酱油、酒、香油、盐、胡椒粉充分拌匀。圆白菜、葱、姜切碎，加入碗里拌匀，再分成 24 等份。

②把步骤①的食材放在水饺皮中央，皮的周边蘸水，一面捏出皱褶一面将收口捏紧。

③平底锅加入色拉油，以中火加热，适量排入饺子，待底部出现焦痕后，加适量的水焖 2 ~ 3 分钟，打开锅盖散掉水汽。剩下的饺子也用相同方式煎。摆盘，附上蘸料。

〈蘸料〉

蚝油酱

材料
蚝油 1½ 大匙
醋 1 大匙
酱油 1 小匙　豆瓣酱适量

做法
所有材料拌匀即完成。

山葵酱

材料
山葵酱 ½ 小匙
砂糖、醋各 1 小匙
酱油 2 小匙
香油 1 小匙

做法
所有材料拌匀即完成。

家常酱油醋酱

材料
醋 2 小匙　酱油 1 大匙
辣油适量

做法
所有材料拌匀即完成。

梅子肉干萝卜泥酱

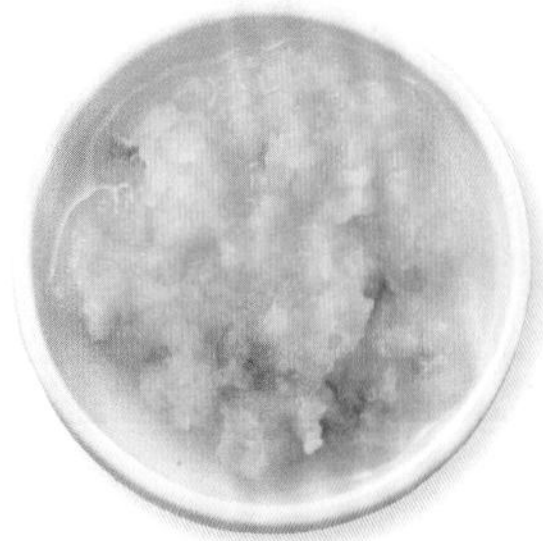

材料
萝卜泥 ½ 杯
拍碎的梅子肉干 1 个
姜片（捣成泥）½ 片
盐 ¼ 小匙

做法
所有材料拌匀即完成。

香煎蒜末酱

材料
醋 1 大匙　酱油 ⅓ 杯
大蒜 2 瓣　香油 1 大匙

做法
大蒜粗磨成末状，用香油爆香，加入醋和酱油拌匀即可。

柠檬咸味酱

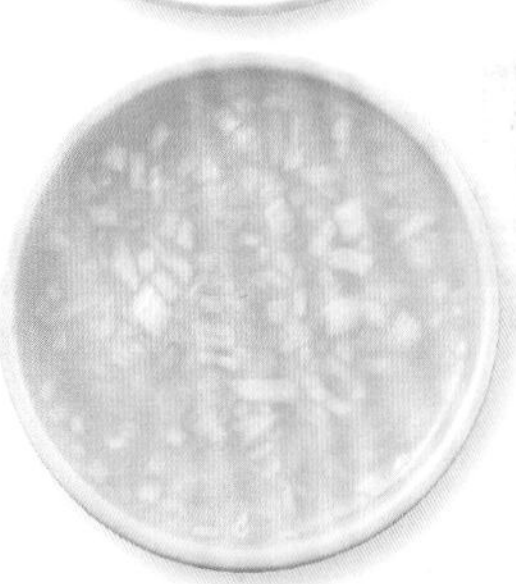

材料
柠檬汁 3 大匙
姜泥 1 小匙
葱末 1 小匙
砂糖、盐、胡椒粉各少量
水 1 大匙

做法
所有材料拌匀即完成。

黑醋酱

材料
黑醋、豆豉酱各 2 小匙

做法
所有材料拌匀即完成。

甜辣酱

材料
甜辣酱 2 大匙
酱油 2 大匙

做法
所有材料拌匀即完成。

咕咾肉

〈混搭酱料〉

基础款咕咾肉

材料

砂糖 3 大匙　醋、番茄酱各 2 大匙

酱油 1 大匙　盐 ⅔ 小匙　水 ½ 杯

做法

所有材料拌匀，淋在步骤④炒熟的肉、蔬菜上，增加黏稠感。

中式餐馆的咕咾肉

材料

酒、酱油各 1 大匙

砂糖、醋各 2 大匙

盐少量　水 ½ 大匙

做法

所有材料拌匀，淋在步骤④炒熟的肉、蔬菜上，增添黏稠感。

葡萄柚汁咕咾肉

材料

砂糖、番茄酱、水各 2 大匙

醋、葡萄柚汁各 1 大匙

酱油 ¼ 小匙　盐少量

做法

所有材料拌匀，淋在步骤④炒熟的肉、蔬菜上，增添黏稠感。

黑醋咕咾肉

材料

黑醋 3 大匙　砂糖 2 大匙

酱油 1 大匙　鸡汤 ¼ 杯

做法

所有材料拌匀，淋在步骤④炒熟的肉、蔬菜上，增添黏稠感。

梅子酱咕咾肉

材料

姜末 10g

蒜末 1 小匙

干红辣椒（切成圈）1 根

混搭酱料［酒 1 大匙，砂糖、醋、梅子肉干各 2 小匙，酱油 ½ 小匙］

做法

将步骤③的油烧热后，放入姜、大蒜、辣椒爆香，加入步骤④中的蔬菜、肉拌炒，淋上混搭酱料增添黏稠感。

基本做法

材料（2 人份）

猪里脊肉 150g

酱油 2 小匙

酒 1 小匙

青椒 1 个

菠萝罐头 ½ 罐（170g）

胡萝卜 ¼ 根

马铃薯淀粉 2 ~ 3 大匙

〈混搭酱料〉适量

马铃薯水淀粉适量

做法

①猪里脊肉切成适口大小，用酱油、酒腌渍。菠萝罐头沥掉水分，切成一口大小；青椒去蒂及子，切滚刀片状。胡萝卜去皮、切成滚刀块，煮 4 ~ 5 分钟沥干水分。

②猪里脊肉蘸满马铃薯淀粉，下油锅炸。

③锅中放适量色拉油以大火加热，放入蔬菜炒至熟透，加入步骤②的猪肉和菠萝块拌炒。

④淋上混搭酱料、加入适量的马铃薯水淀粉拌煮一下，即可捞出。

青菜炒肉

基本做法

材料（2 人份）

圆白菜 2 ~ 3 片　猪肉薄片 100g
胡萝卜 ¼ 根　蚝油 ½ 小匙
青椒 2 个　盐、胡椒粉各少量
洋葱 ½ 个　色拉油 1 大匙
豆芽 100g　〈混搭酱料〉适量

做法

①圆白菜切成大块、胡萝卜切成适口大小、青椒去蒂及子后纵切成 4 等份、洋葱切丝、豆芽去掉须根。
②猪肉薄片以蚝油、盐、胡椒粉腌入味。
③平底锅放 ½ 大匙色拉油加热，放入步骤②的猪肉炒到变色后起锅。再加上 ½ 大匙色拉油，放入步骤①的蔬菜拌炒后再把猪肉回锅，淋上混搭酱料仔细拌匀。

胡椒粉要怎样灵活运用呢?

粗粒胡椒粉香气浓郁、带有刺激性气味，磨成细粒状后可用于制作各式料理；白胡椒粉香味较淡，可用在清淡的食谱上；黑胡椒粉可利用其独特的风味，去除肉的腥味。也可根据个人喜好活用。

〈混搭酱料〉

基础款青菜炒肉酱

材料

酒 ½ 大匙　酱油 1 小匙
盐 ¼ 小匙　胡椒粉少量

做法

所有材料拌匀，加入步骤③中炒熟的肉、蔬菜中拌炒。

味噌炒肉酱

材料

味噌 1½ 大匙　酒 ½ 大匙
味醂 2½ 小匙　砂糖 1½ 小匙
酱油 1 小匙

做法

所有材料拌匀，加入步骤③中炒熟的肉、蔬菜中拌炒。

辣味炒肉酱

材料

葱（切末）½ 根
姜末 ½ 小匙
辣豆瓣酱 ½ 小匙　色拉油 ½ 小匙
番茄酱 1½ 大匙
酒、醋各 ½ 大匙　砂糖 1 小匙
盐少量
鸡高汤粉 ¼ 小匙　热开水 ¼ 杯

做法

所有材料拌匀，加入步骤③中炒熟的肉、蔬菜中拌炒。

咖喱酱油炒肉酱

材料

咖喱粉 ½ ~ 1 大匙　酒 2 大匙
砂糖 1 小匙　酱油 1½ 大匙

做法

所有材料拌匀，加入步骤③中炒熟的肉、蔬菜中拌炒。

蚝油炒肉酱

材料

蚝油、酒各 1 大匙　砂糖 1 小匙
盐 ½ 小匙　胡椒粉少量

做法

所有材料拌匀，加入步骤③中炒熟的肉、蔬菜中拌炒。

炒牛蒡丝

锁住满满的甜辣酱汁，
让人忍不住多添一碗饭，
作为便当菜也很合适

基础款炒牛蒡丝

材料

混搭酱料［酱油、砂糖各 1 ~ 1½ 大匙　色拉油适量］

干红辣椒（切圈）½ 根

做法

拌匀混搭酱料，参照基本做法。将红辣椒圈加入步骤②的食材中一起拌炒。

西式炒牛蒡丝

材料

混搭酱料［意式陈年葡萄醋 1 小匙　酒、酱油各 1 大匙　番茄酱 1½ 大匙］

橄榄油适量

做法

拌匀混搭酱料，在步骤②中以橄榄油当作炒菜油拌炒所有食材，待熟透了再加入混搭酱料炒，以少量的盐、胡椒粉调味。可依喜好撒上欧芹末。

中式炒牛蒡丝

材料

混搭酱料［蚝油、酒、酱油各 1 大匙　砂糖 2 小匙　胡椒粉少量］

香油适量

做法

拌匀混搭酱料，将步骤②的食材用香油当作炒菜油拌炒，熟透后再加入混搭酱料拌炒即完成。

咖喱炒牛蒡丝

材料

咖喱粉 ½ 大匙　橄榄油适量

混搭酱料［酒、砂糖各 1 大匙　酱油 1½ 大匙］

做法

拌匀混搭酱料，将步骤②的食材用橄榄油当作炒菜油炒一下所有食材，加入咖喱粉炒 1 ~ 2 分钟，再加入混搭酱料炒，起锅前再撒上少量的咖喱粉（分量外）。

基本做法

材料（2 人份）

牛蒡 ½ 根

胡萝卜 ½ 根

炒菜油适量

混搭酱料适量

做法

①牛蒡削皮、切丝后泡水，胡萝卜切丝备用。

②平底锅放炒菜油加热，加入牛蒡、胡萝卜炒，待变软后加入混搭酱料烧煮。摆盘，可依喜好撒上白芝麻。

一味和七味

相对于以辣椒为主、调和各种辛香料的七味，一味只有辣椒，所以辣味很强烈。七味的其他副原料为芥子、火麻仁、陈皮、芝麻、紫苏等，但未必是由 7 种辛香料搭配而成，有时也会超过 7 种。

日本特有的调味料黑七味，因制作过程中用手搓揉到出油，而呈现独特的深褐色。

烤鱼

基本做法

材料（2人份）

鲷鱼片2片

盐适量

〈淋酱〉适量

做法

①鲷鱼抹盐、静置5分钟后拭去水分。

②用烤鱼专用的烤架和烤网，从皮的部分用大火烧烤。待皮呈现可口的焦色后翻面转小火，烤到全熟。摆盘，根据个人喜好淋上淋酱。

鲅鱼的西京烧做法

材料（2人份）

鲅鱼2片

西京烧的腌酱适量

做法

①拭干鲅鱼的水分，放在西京烧的腌酱中腌12 ~ 24小时。

②仔细清除腌酱，用烤鱼用烤架烧烤到飘出香味即可。

沙丁鱼的蒲烧做法

材料（2人份）

沙丁鱼3条

面粉适量

色拉油½大匙

蒲烧的酱汁适量

做法

①沙丁鱼剖开、纵向切成两半，两面铺上薄薄的面粉，平底锅加入色拉油烧热，两面煎到略带焦色。

②取出沙丁鱼，用厨房纸巾拭去平底锅里的油分，放入蒲烧的酱汁煮开，再把沙丁鱼回锅煮到入味。

〈淋酱〉

柚香萝卜泥

适用于：红肉鱼、白肉鱼等

材料

沥掉水分的萝卜泥1杯

柚香胡椒粉1小匙　醋½小匙

酱油½小匙　橄榄油2小匙

做法

拌匀所有材料，当作烤鱼的淋酱。

香味酱

适用于：青鱼、白肉鱼等

材料

葱末1小匙　姜（捣成泥）½片

蒜（捣成泥）½瓣

醋、酱油各1大匙

砂糖、香油各1小匙

做法

拌匀所有材料，当作烤鱼的淋酱。

辣酱

适用于：白肉鱼等

材料

醋1½大匙　砂糖1大匙

酱油½大匙　豆瓣酱1小匙

番茄酱¼杯　胡椒粉、盐各少量

中式高汤¼杯

做法

将砂糖、豆瓣酱、醋、酱油、番茄酱倒入碗里搅拌，加入中式高汤稀释，再以盐、胡椒粉调味，当作烤鱼的淋酱。

〈腌酱〉

西京烧的腌酱

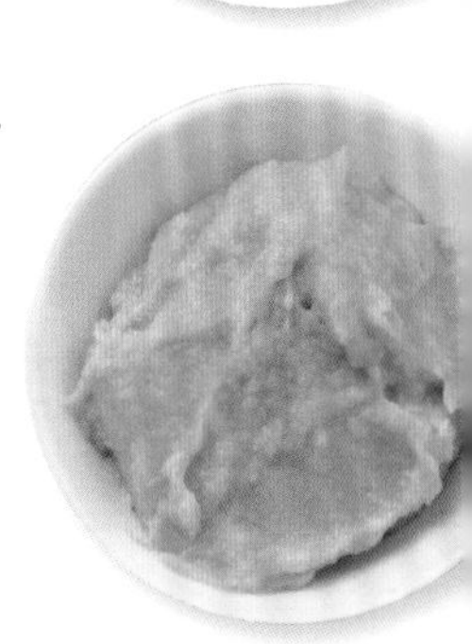

适用于：白肉鱼等

材料

白味噌¾杯　酒粕¼杯

酒、味醂各1½大匙

做法

酒、味醂加入酒粕拌匀后静置约1小时。再一点一点地加入白味噌，慢慢搅拌到充分混合。

〈酱汁〉

蒲烧的酱汁

适用于：白肉鱼、青鱼等

材料

酱油1½大匙　味醂1大匙

酒、砂糖各½大匙

做法

所有材料拌匀即可使用。

姜烧

基本做法

材料（2 人份）

猪里脊肉（姜烧用）200g

面粉适量

色拉油 ½ 大匙

〈混搭酱料〉适量

做法

①猪肉抹上一层薄薄的面粉。

②平底锅放色拉油热锅，以大火煎两面，避免肉片重叠，加入混搭酱料调味，一边翻面一边煮到全部入味。

〈混搭酱料〉

基础款姜烧

材料

酒、酱油各 1½ 大匙

味醂 1 大匙

姜泥 1 小匙

做法

所有材料拌匀，淋在煎好的猪肉上即可。

味噌姜烧

材料

酒、味醂、味噌各 1 大匙

砂糖 ½ 小匙

姜泥 1 小匙

做法

所有材料拌匀，淋在煎好的猪肉上。

洋葱泥姜烧

材料

酒、味醂、酱油、洋葱泥各 2 大匙

姜泥、蜂蜜各 1 大匙

做法

在步骤①中不要抹面粉，把混搭酱料放进调理盘，肉片浸泡约 5 分钟后煎，调理盘剩下的汤汁倒在煎好的猪肉上，煮到入味。

鲣鱼半敲烧

基本做法

材料（2 人份）

鲣鱼 200 ~ 300g　〈混搭酱料〉适量

做法

鲣鱼用 3 根铁叉从靠近皮下的部分插入，呈扇形将尾部撑开，前面的部分收在一起，直接烘烤皮，待呈现焦色后上下翻面，烤到肉泛白。立刻浸泡冰水、拔除铁叉，快速冷却、拭干水分后切成 1 厘米厚的大片后摆盘，依喜好用嫩姜丝等饰顶，淋上混搭酱料。

PS：半敲烧，就是将鱼肉外皮烤至半生程度的料理手法，所以火候的控制非常重要。

〈混搭酱料〉

柑橘醋

材料

酱油 3 大匙　醋 2 大匙

鲜榨柳橙汁 1 大匙　香油 ½ 大匙

做法

所有材料拌匀即完成。

梅子酱风味

材料

梅子干（大）1 个　洋葱泥 ½ 大匙

醋、橄榄油、水各 ½ 大匙

胡椒粉少量　大蒜（切薄片）½ 瓣

做法

梅子干去核后切碎，所有材料拌匀即可。

芥末酱风味

材料

颗粒芥末酱 2 小匙　醋 1 大匙

酱油 3 大匙　初榨橄榄油 1 大匙

盐、胡椒粉各少量

做法

所有材料拌匀即完成。

蛋黄酱酱油

材料

蛋黄酱、酱油各 1 大匙　山葵酱 1 小匙

做法

所有材料拌匀即完成。

苦瓜杂炒

基本做法

材料（2 人份）

苦瓜 1 根　香油 1 小匙

胡萝卜 ¼ 根　〈混搭调味料〉适量

培根 3 片　鸡蛋 1 个

做法

①苦瓜纵切剖开、去籽，切成薄片，用盐搓揉后洗净。胡萝卜洗净后切丝，培根切成 2 厘米宽的条。

②平底锅内倒入香油烧热后，放入培根拌炒，加入苦瓜、胡萝卜炒。

③待熟透后，加入混搭调味料拌匀，鸡蛋打散后快速淋入，呈半熟状态即熄火起锅。

〈混搭调味料〉

基础款苦瓜杂炒

材料

酱油 1 小匙

中式高汤粉 ½ 小匙

盐、胡椒粉各少量

做法

所有材料拌匀，加入步骤③的混合物中。

味噌杂炒

材料

蒜（捣成泥）1 瓣　味噌 1½ 大匙

酒 2 大匙　酱油 ½ 小匙

做法

所有材料拌匀，加入步骤③的混合物中。

素面杂炒

材料

腌料［香油 ½ 大匙］

混搭调味料［酒 ½ 大匙

盐、胡椒粉各少量］

做法

取素面 2 捆下锅煮至稍硬的程度，以冷水冲洗后沥干水分，淋上腌料中的香油拌匀。在步骤②加入素面拌炒，再淋上混搭调味料拌匀。摆盘，以柴鱼片（分量外）装饰。

韩式煎饼

基本做法

材料（4 人份）

韭菜 40g

胡萝卜 ¼ 根

鸡蛋 2 个

糯米粉、面粉、香油各 2 匙

剥壳虾 80g

盐、胡椒粉少量

〈混搭酱料〉适量

做法

①韭菜切成 4 厘米长的段，胡萝卜切细丝。鸡蛋、糯米粉、面粉、盐、胡椒粉放入碗里混合，加入韭菜、胡萝卜，以及沥干水分的虾拌匀。

②平底锅倒入香油烧热后，放入步骤①的食材以中火煎熟两面，切好摆盘，蘸混搭酱料享用。

〈混搭酱料〉

韩式辣味柠檬酱

适用于：马铃薯、海鲜类的煎饼

材料

柠檬（薄切成片状）2 片

韩式辣酱、水各 1 大匙

做法

所有材料拌匀即完成。

甜辣蛋黄酱

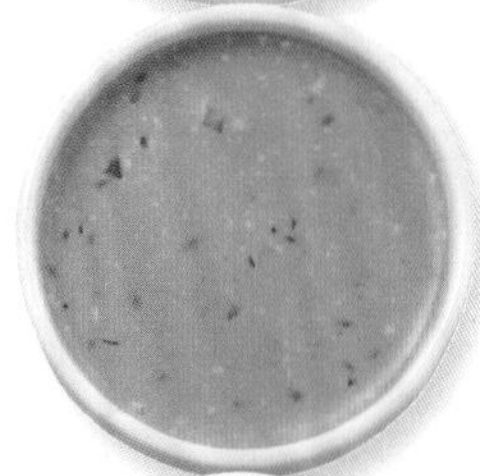

适用于：葱、海鲜类的煎饼

材料

洋葱末 1 大匙　烤肉酱 2 大匙

蛋黄酱 1 大匙

做法

所有材料拌匀即完成。

韩式辣味噌酱

适用于：马铃薯、海鲜类的煎饼

材料

韩式辣酱、味噌各 ½ 大匙

青紫苏（切成末）2 片　水 1 大匙

做法

所有材料拌匀即完成。

甜辣酱油酱

适用于：海鲜类的煎饼

材料

醋 1 小匙　姜（切丝）1 块

烤肉酱（市售）2 大匙

做法

所有材料拌匀即完成。

韩式杂拌菜

基本做法

材料（2人份）

去皮胡萝卜¼根

去蒂青椒½个

粉丝50g

牛肉薄片150g

〈混搭酱料〉适量

盐、胡椒粉、色拉油各适量

做法

①胡萝卜、青椒切细丝，粉丝泡入热水中至变软，切成长短不一的段，将牛肉薄片切丝。

②牛肉薄片以混搭酱料腌渍。

③平底锅加油热锅，放入胡萝卜丝、青椒丝、牛肉丝拌炒，加盐、胡椒粉调味，再加入粉丝拌匀。最后用盐、胡椒粉调味。

〈混搭酱料〉

基础款杂拌菜

材料

酱油1½大匙

酒、砂糖、香油各½大匙

蒜（切末）1瓣

胡椒粉少量　盐适量

做法

调味料拌匀，当作牛肉的腌料。将粉丝等材料和牛肉连同酱料一起拌炒，最后再用盐调味。

清爽杂拌菜

材料

酱油、味醂、水各½大匙

盐、胡椒粉各适量

做法

所有材料拌匀后，用平底锅加热至煮开，放入步骤①、步骤②的材料拌炒。等汤汁收干后加盐、胡椒粉调味。

烤鸡

基本做法

材料（4人份）

洋葱2个　葡萄干3大匙　大蒜1瓣　杏仁薄片½杯　培根4片　盐1小匙　吐司面包2片　胡椒粉少量　色拉油2大匙　整鸡1只　黄油3大匙　胡萝卜1根

做法

①取1个洋葱切成1厘米见方的丁，大蒜切成薄片。培根切小段，吐司面包留边、切成1厘米见方的丁。

②平底锅倒入色拉油烧热，加入步骤①面包以外的其他食材拌炒，待洋葱炒软后加黄油，再依序加入葡萄干、杏仁薄片、面包丁。加盐、胡椒粉调味后，起锅冷却。

③整鸡放入冰水中，加以搓洗。腹部也用冰水刷洗后取出。用厨房纸巾拭干水分，把脖子部分切除但留下皮。

④让整鸡腹部朝上放好，从尾部的开口用力把步骤②的食材塞入腹中，再用牙签和棉线封紧，再用线绕到鸡爪上绑牢。脖子上的皮绕到背后，翅膀也绕到背后整形。

⑤将另一个洋葱8等分，胡萝卜洗净后留皮，切成1厘米宽的段。

⑥烤箱的烤盘上放置铁网，上面平均铺好步骤⑤的混合物和剁成片的鸡脖，再摆上塞满食材的全鸡。烤箱以250℃预热10分钟后，烤约1小时。待表面上了焦色、以指尖轻按时感觉发硬，即烘烤完成。把烤鸡移到容器中，解开牙签和棉线，再分割肉块，附上喜欢的酱料。

〈酱料〉

肉汁酱

材料

残留的烤汁、西式高汤、白酒各4大匙

盐、胡椒粉各少量

玉米淀粉2小匙　水1大匙

做法

将烤盘上残留的烤汁倒入锅中，加入高汤、白酒，以小火煮5分钟，待变浓稠时，加盐、胡椒粉调味，再加入拌好的玉米淀粉与水增加稠度即可。

山葵黄油酱

材料

白酒2大匙　酱油2小匙

山葵酱2小匙　黄油1大匙

做法

将烤盘上残留的烤汁倒入锅中4大匙，加入酱料的材料，以中火煮到有浓稠感。

普罗旺斯炖菜

基本做法

材料（2人份）

茄子1个　大蒜1瓣

栉瓜½个　橄榄油1大匙

彩椒½个　盐、胡椒各适量

洋葱½个　底料适量

做法

①食材洗净。茄子去蒂、彩椒去籽去蒂，和栉瓜、洋葱一同切成薄片。

②平底锅中放入橄榄油烧热，爆香大蒜后，加入栉瓜炒到变软、上焦色，移开锅到炉外。

③依序放入彩椒、洋葱、茄子拌炒，炒到变软，略上焦色后移开锅子。

④加入普罗旺斯炖菜底料拌匀，盖上锅盖煮开后转小火，焖煮约15分钟后，以盐、胡椒粉调味。

〈底料〉

基础款炖菜

材料

底料［罐装水煮番茄200g

干罗勒碎少量

月桂叶1片

盐、胡椒粉各适量］

做法

一面将水煮番茄压碎，一面混合底料的材料，在步骤④的混合物中加入，和蔬菜等材料一起煮。

和风炖菜

材料

底料［酒2大匙

酱油1大匙　砂糖少量

香油2大匙］

青紫苏2～3片

做法

步骤②中，用香油取代橄榄油炒蔬菜。放入调配好的底料和材料煮。起锅前撒上洗净、切碎的青紫苏即可。

排骨肉

基本做法

材料（2人份）

猪排骨肉500g　水½杯

盐、胡椒粉各适量　〈混搭酱料〉适量

色拉油1大匙

做法

①用叉子在猪排上均匀戳洞，撒上盐、胡椒粉。

②平底锅放入色拉油加热，放入猪肉煎到两面上焦色，再加入混搭酱料和水，煮开后转成中小火煮45分钟。

〈混搭酱料〉

香草油香煎排骨

材料

迷迭香1枝　大蒜1瓣

月桂叶1片　橄榄油¾杯

做法

在步骤②中，把调配好的香草油材料放入加热，在不加水的情况下煎熟猪排骨，摆盘后依喜好淋上柠檬汁。

橙汁排骨

材料

橙皮果酱⅓杯

番茄酱2～3大匙

酱油1大匙　柠檬汁1大匙

做法

所有材料拌匀，加入步骤②的混合物中。

〈蘸料〉

辣味蘸料

材料

洋葱末½个

柠檬汁½个　番茄酱1½大匙

砂糖1大匙

酱油1小匙　豆瓣酱½小匙

做法

所有材料拌匀，步骤②的混合物中先不加混搭酱料和水，直接煎好猪肉后摆盘，搭配辣味蘸料一同食用。

芙蓉蟹

基本做法

材料（2人份）

鸡蛋4个
金针菇½袋
葱½根
蟹肉罐头¼罐
红姜（切丝）½片
色拉油1½大匙
盐、胡椒粉各少量
青豆（水煮罐头）适量
〈芡汁〉适量

做法

①把鸡蛋打进碗里打散，金针菇洗净、切掉根部后切半，葱洗净、切斜段，蟹肉撕开备用。

②平底锅倒入½大匙色拉油烧热，爆香葱段后加入金针菇、蟹肉拌炒，撒盐、胡椒粉调味。待降温至不烫时，淋上蛋液。

③平底锅以1大匙色拉油热锅，将步骤②混合物倒入后快速搅拌，待烘煎到膨胀熟透后起锅摆盘。

④整体淋上芡汁，撒上水煮青豆仁，可依喜好另外添饰红姜丝。

〈芡汁〉

基础款芙蓉蟹芡汁

材料

泡干香菇的水¼杯　砂糖、酱油、酒、马铃薯淀粉各½大匙　香油少量

做法

将所有材料放进步骤③中煎好蛋的锅里煮开即可。

甜醋芙蓉蟹芡汁

材料

芡汁［酱油、鸡汤粉各½大匙
番茄酱、马铃薯淀粉各2小匙
砂糖¼大匙　水½杯
盐、胡椒粉各少量］
润饰［香油1大匙　醋1½大匙］

做法

将芡汁的材料放入锅里边搅拌边煮开，呈浓稠状后熄火，加上润饰的材料后，淋在鸡蛋上面。

和风芙蓉蟹芡汁

材料

高汤5大匙　砂糖1小匙
酱油、盐各少量　马铃薯水淀粉少量

做法

高汤、砂糖、酱油、盐烧开后加入水淀粉略煮沸，倒出，淋在鸡蛋上面。

青椒炒肉丝

基本做法

材料（2人份）

瘦牛肉100g
色拉油1½大匙
〈腌料〉
青椒4个
煮熟的竹笋50g
葱段5厘米
香油适量
生姜1片
混搭调味料

做法

①瘦牛肉切成0.5厘米宽的条，用腌料腌渍5～10分钟。青椒去蒂、去子后，切成细丝，煮熟的竹笋也用相同的方式处理。葱切成碎末。

②炒锅倒入½大匙色拉油烧热后，放入牛肉拌炒，炒至肉变色再加葱，等闻到香味时，再加入1大匙色拉油、竹笋、青椒混合拌炒。

③加入混搭调味料拌炒，最后淋上香油拌一下起锅。

〈腌料〉〈混搭调味料〉

基础款青椒炒肉丝

材料

腌料［料酒½大匙
酱油少量
盐、胡椒粉各少量
打散的蛋液、色拉油各1大匙
马铃薯粉1小匙］
混搭调味料［酒½大匙
酱油2小匙
蚝油、马铃薯水淀粉各1小匙
水½大匙］

做法

将腌料、混搭调味料的所有材料分别拌匀，参照基本做法操作步骤。

和风青椒炒肉丝

材料

腌料［姜丝1片
料酒½大匙　酱油1大匙
色拉油½大匙
马铃薯粉½小匙］
混搭调味料［砂糖¼小匙
盐¼小匙　胡椒粉少量］

做法

将腌料、混搭调味料的所有材料各自拌匀，放入基础款青椒炒肉丝中。

韭菜炒肝

常见的精力补给菜肴，非常下饭！

基本做法

材料（2人份）

鸡肝 200g
〈腌料〉
韭菜 1 把
大蒜 1 瓣
香油 1 大匙
马铃薯淀粉适量
炸油适量
〈混搭调味料〉适量
盐、胡椒粉各少量

做法

①鸡肝浸泡冷水、洗掉血水、切成大厚片，用腌料腌渍。
②韭菜洗净后切成 5 厘米长的段；大蒜切成碎末。
③仔细擦干鸡肝的水分，撒上马铃薯淀粉，平底锅倒入约 2 厘米深的炸油，烧热后下入鸡肝。
④清理干净的平底锅倒入香油烧热，放入大蒜爆香后加韭菜拌炒，加入步骤③的食材和混搭调味料拌匀后，再用盐、胡椒粉调味。

如果要去除肝脏的腥味该怎么做?

要想把肝脏做得好吃，重点在于去除血水（用自来水边冲边洗）。但是这种方式也会把重要的营养素也一并洗掉。若用牛奶取代水，则可减少养分流失。只需浸泡在刚好盖过表面的牛奶里约 20 分钟。除了牛奶也可以用已经冷却、泡到没味道的绿茶或是洋葱泥来代替。尽量缩短加热时间，也是去除腥味的诀窍。

〈腌料〉〈混搭调味料〉

基础款韭菜炒肝

材料
腌料［酒 ½ 小匙
酱油 1 小匙
姜汁 1 小匙
蒜泥少量
胡椒粉少量］
混搭调味料［酱油 1½ 小匙
砂糖、酒各 1 小匙］
做法
将腌料、混搭调味料的所有材料拌匀，在腌渍、炒韭菜和肝的时候加入。

味噌韭菜炒肝

材料
腌料［酒、酱油各 1 大匙］
混搭调味料［酒、蚝油、味噌各 1 大匙　盐、胡椒粉各少量］
做法
将腌料、混搭调味料的所有材料各自拌匀，在腌渍、炒韭菜和肝脏的时候加入。

辣味韭菜炒肝

材料
腌料［酒、酱油各 1 小匙］
混搭调味料［酱油 ½ 大匙
砂糖、豆瓣酱各 1 小匙
干红辣椒（切末）½ 根
盐、胡椒粉各少量］
做法
将腌料、混搭调味料的所有材料各自拌匀，在腌渍、炒韭菜和肝脏的时候加入。

八宝菜

所谓『八』就是『很多』的意思，
可加入自己喜欢的食材，
做出个人专属的美味

〈混搭调味料〉

基础款八宝菜

材料
鸡汤 4 大匙
蚝油 2 大匙　绍兴酒 1 大匙
酱油 2 小匙　砂糖、盐各 ¼ 小匙
胡椒粉少量
做法
将所有材料拌匀，在步骤②中加入即可。

盐味八宝菜

材料
混搭调味料 [酒 ½ 大匙　蚝油 ½ 小匙
盐 ½ 小匙、砂糖、胡椒粉各少量]
做法
步骤②炒好食材后，加入 ¾ 杯的水煮开，加入已经拌匀的混搭调味料即可。

酱油口味八宝菜

材料
酱油适量
混搭调味料 [酒 ½ 大匙　酱油 1 大匙
蚝油 ½ 小匙　砂糖少量　胡椒粉少量]
做法
在步骤①猪肉过油之前，先用酱油腌入味，在步骤②中炒好食材后，加入 1 杯水煮开，再加入混搭调味料即可。

基本做法
材料（2 人份）
猪五花肉 40g
大白菜 3 片
葱 ½ 根
虾 50g
乌贼 40g
鹌鹑蛋（水煮）4 个
食用油适量
马铃薯水淀粉 2 大匙
香油 ½ 小匙
〈混搭调味料〉适量
做法
①食用油倒入锅中，烧热后，放入切成一口大小的猪五花肉、大白菜、斜切成 1 厘米的葱段、剥壳处理好的虾、切成条状的乌贼，快速过油沥干。
②用平底锅拌炒步骤①的食材和鹌鹑蛋，加入混搭调味料和马铃薯水淀粉炒，待变稠时淋上香油。

XO 酱

XO 酱，名字来源于白兰地（Extra Old）的首字母，意味着顶级的新调味料。实际上并没有需要熟成的工序，一般材料里也不含白兰地。制作时主料有虾仁、干贝、金华火腿等，主要在炒菜时添加，或是当作蘸料使用等，可灵活应用在所有菜肴的制作中。

回锅肉

加入浓郁的甜面酱
是让这道菜美味的点睛之笔。
就算在家也能做出
让人吮指的味道

基本做法

材料（2人份）

猪肉 150g
圆白菜 3 片
青椒 1 个
色拉油 ½ 大匙
〈香味调味料〉适量
〈混搭调味料〉适量

做法

①将猪肉切成适口大小，食材洗净。圆白菜切大片，青椒去蒂、去子、切成适口大小。
②平底锅倒入色拉油烧热，放入香味调味料炒到闻到香味后，加入猪肉拌炒至变色，再加入圆白菜、青椒。
③待圆白菜炒软后，淋上混搭调味料，以大火快速拌炒至熟即可熄火。

甜面酱

以面粉、盐、曲为主原料，是一种经过发酵的调料。加热后可释放出强烈的香味，因此常用在回锅肉和麻婆豆腐等菜肴的制作。也是北京烤鸭不可或缺的蘸料。炒蔬菜时也可以当秘方使用，使普通菜肴变得别具一番风味。

〈香味调味料〉
〈混搭调味料〉

川味回锅肉

材料

香味调味料［大蒜（切薄片）1 瓣
干红辣椒 2 根］
混搭调味料［酒 1 大匙
酱油 ½ 大匙
甜面酱 3 大匙］

做法

将香味调味料中的干红辣椒切成一半、去子，再将混搭调味料拌匀即可。

韩式烧肉回锅肉

材料

香味调味料［大蒜（切片）1 瓣
豆瓣酱 ½ 小匙
甜面酱 1 小匙］
混搭调味料［酒 ½ 大匙
酱油 1 小匙　色拉油适量］

做法

在步骤②中加热色拉油，用 90g 牛肉（烤肉用的牛肉片）取代猪肉下锅炒。煎到上色后把牛肉推到边上，加入香味调味料爆香再一起炒。加入圆白菜、青椒拌炒，再放入混搭调味料拌匀。

车麸回锅肉

材料

香味调味料［蒜末、姜末各 1 小匙
香油适量］
混搭调味料［酒 1 大匙
味噌 1½ 大匙　豆瓣酱 ½ 小匙］

做法

混搭调味料先拌匀，在步骤②中用色拉油热锅，香味调味料中加适量的葱末，用 3 个切成一口大小的车麸取代肉下锅，再加入圆白菜、青椒拌炒。

麻婆豆腐

这是一道很下饭的家常菜，只要撒上花椒就能享受麻麻的美味

〈香料蔬菜〉
〈混搭调味料〉

基础款四川麻婆豆腐

材料
香料蔬菜［蒜（切末）、姜（切末）各½片　葱（切末）¼根］
混搭调味料①［豆瓣酱1小匙　豆豉1大匙、酒1大匙］
混搭调味料②［甜面酱1½大匙　酱油½大匙］
做法
仔细拌匀混搭调味料①和混搭调味料②，参照基本做法。

基本做法

材料（2人份）
猪肉馅120g
色拉油1大匙
香料蔬菜适量
〈混搭调味料〉①适量
水⅔杯
〈混搭调味料〉②适量
豆腐1块
马铃薯水淀粉½大匙
香油¼大匙
花椒粉、葱花各适量
做法
①平底锅放色拉油，以中火热锅，一边拌开猪肉馅一边炒。加入香料蔬菜炒香。
②加入混搭调味料①拌炒，加水煮开后转小火，盖上锅盖焖煮3～4分钟。
③加入混搭调味料②搅拌，煮开后放入切丁的豆腐，待煮沸后转中火，加入马铃薯水淀粉快速搅拌，等呈稠状后洒上香油。
④装盘，撒上花椒粉、葱花。

和风麻婆豆腐

材料
葱（切末）½根　香菇（切末）2片
混搭调味料［味噌1大匙　砂糖1小匙　酒1小匙　高汤1¼杯　酱油½大匙　柚香胡椒粉少量］
豆腐1块
山椒粉、马铃薯水淀粉适量
做法
在步骤①中，用½根的葱末取代香料蔬菜，并炒香2片香菇末。加入仔细拌匀的混搭调味料煮开，以马铃薯水淀粉勾芡，加入豆腐煮沸，盛盘后撒上山椒粉。

豆瓣酱

以蚕豆为主原料，和大豆、辣椒等发酵制作而成，是中式辣味调味料的代表。除了可以在炒菜时调味，也适用于炸和蒸、煮类食物的制作。具有独特的风味，加热煮开才是使用时的诀窍。

蒸、煮料理

煮鱼

蒸得热腾腾的鱼
有着让人怀念的家里的味道

〈煮汁〉

基础款煮鱼

适用于：红肉鱼等

材料

煮汁［酒、砂糖各 2 大匙
酱油 2 大匙］

做法

将材料放进锅里煮开即完成。

味噌煮鱼

适用于：青鱼等

材料

煮汁［酒 1 大匙　盐 3 小匙
薄切姜片 1 片］

调味料［砂糖 1½ 大匙
味噌 3 大匙］

做法

煮汁的材料放进锅里煮开，然后加入调味料再煮一下即完成。

柠檬黄油煮鱼

适用于：白肉鱼等

材料

煮汁［白酒 ¼ 杯　盐 ½ 小匙］

调味料［黄油 1½ 大匙］

润饰［柠檬汁 2 大匙］

做法

平底锅放适量色拉油（分量外）热锅，并排放入两片鱼。煎 2 ~ 3 分钟至两面呈焦色，取出。放入所有〈煮汁〉的材料，煮 2 ~ 3 分钟。再把提前煎的鱼放进锅里，加入调味料煮一下，最后淋上柠檬汁即可熄火。

基本做法

材料（2 人份）

红肉鱼 2 片
〈煮汁〉适量
高汤（或水）1½ 杯
薄切姜片 1 片

做法

①将煮汁和高汤（或水）、姜片放进锅里煮。
②煮沸后打开锅盖，放入稍微煎过的红肉鱼，盖上内盖煮，边添加煮汁边煮。

用姜消除腥味

姜的香味成分——姜烯酚、姜粉、姜辣素，具有消除臭味的效果。这些成分以接近表皮含量最多，因此使用诀窍在于连皮使用，或是削皮时削薄一点。除了能消除腥臭味之外，也具有杀菌效果。

番茄汁煮鱼

适用于：青鱼等

材料

煮汁［味醂 2 小匙
砂糖 1 小匙
酱油 2½ 大匙
番茄汁 ¼ 杯］

做法

把材料放进锅里，用大火煮开即可。

圆白菜卷

慢慢、慢慢地炖煮，
享受热腾腾又入口即化的美味

基本做法

材料（2人份）

圆白菜4片　面包粉20g
猪、牛混合肉馅160g　盐½小匙
洋葱（切末）¼个　胡椒粉少量
鸡蛋1个　〈汤的材料〉适量

做法

①用保鲜膜包覆圆白菜，送进微波炉（500W）加热约2分钟。
②碗里放混合肉馅、洋葱末、鸡蛋、面包粉、盐、胡椒粉，仔细拌匀并分成4等份，整形成圆桶状。
③切掉圆白菜的硬梗，用圆白菜叶包裹步骤②的食材和切下的硬梗。并排在锅里，加入汤的材料加热。
④煮开后盖上内盖蒸煮约20分钟，即可起锅盛盘。

〈汤的材料〉

基础款番茄风味圆白菜卷

材料

水煮番茄（罐装）200g
番茄酱2大匙
盐、胡椒粉各少量　高汤块1个
月桂叶1片　水1¼杯

做法

将步骤③的食材放入材料蒸煮。

基础款高汤圆白菜卷

材料

高汤块1个
盐、胡椒粉各少量　水2杯

做法

在步骤③中放入材料蒸煮。

和风圆白菜卷

材料

味醂1大匙
薄口酱油2大匙
和风高汤粉1小匙　水2杯

做法

将步骤③的食材中放入材料中蒸煮。

酸奶油煮番茄酱圆白菜卷

材料

番茄酱、酸奶油、水各½杯
月桂叶1片　盐1小匙
胡椒粉少量

做法

将步骤③的食材中放入材料蒸煮。

制作圆白菜卷要用冬季的圆白菜

圆白菜依产季可分成三类。有叶片较薄、口感较硬的夏、秋圆白菜，以及具有略硬的叶片和带有甜味的冬季圆白菜，以及叶片较平整且甜度高的春季圆白菜。如果要做圆白菜卷，则最好选择冬季圆白菜，长时间炖煮可使较硬的叶片变柔软，更能增添美味。

烧卖

经过简单调味，热乎乎的烧卖就能带有不同酱料的特调风味

基本做法

材料（4 人份）

烧卖皮 20 张　猪肉馅 300g

洋葱（切末）¼ 个　肉馅调味料适量

香菇 2 个　〈酱汁〉适量

虾 70g

做法

①洋葱、香菇切碎，撒一些马铃薯淀粉（分量外）在洋葱末上。

②虾剥壳、去虾线和尾部，加盐、马铃薯淀粉、水各少量（都是分量外）轻轻搓揉、洗净，拭去水分后切成碎粒。

③将猪肉馅和虾放进碗里仔细搓揉，加入步骤①的食材与肉馅调味料拌匀成馅料。

④把馅料包进烧卖皮里，一面按压馅料，一面轻轻收紧烧卖皮，一一完成。

⑤放入蒸笼中，开大火蒸 8 ~ 10 分钟即可取出，食用时蘸喜欢的酱汁。

〈酱汁〉

鱼露酱

材料

砂糖 1 大匙　鱼露、醋、水各 2 大匙

姜丝、蒜泥各 ½ 小匙

干红辣椒（切末）1 根

做法

所有材料拌匀即完成。

姜汁风味酱

材料

酱油 5 大匙

鸡汤 1½大匙

姜汁 1 大匙　白芝麻粉 2 大匙

做法

所有材料拌匀即完成。

紫苏梅酱

材料

醋 4 大匙　紫苏梅酱 2 小匙

白芝麻适量

做法

所有材料拌匀即完成。

蒜味酸奶酱

材料

砂糖 1½小匙

酱油 1½大匙

酸奶（无糖）4 大匙

蒜泥 2 小匙

做法

所有材料拌匀即完成。

XO 酱风味酱

材料

酱油、醋各 3 大匙

XO 酱、豆瓣酱各 1 小匙

蒜泥 1 小匙

香油 2 大匙

做法

所有材料拌匀即完成。

〈内馅调味料〉

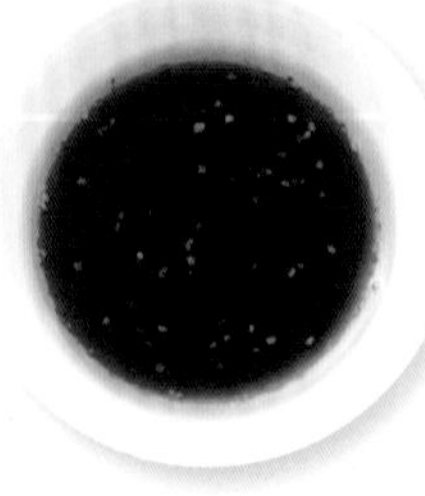

基础款调味料

材料

砂糖 2 小匙　酱油 2 小匙

盐 ½ 小匙　胡椒粉少量

香油 2 小匙

蚝油 ½ 小匙

做法

所有材料拌匀即完成。

起司调味料

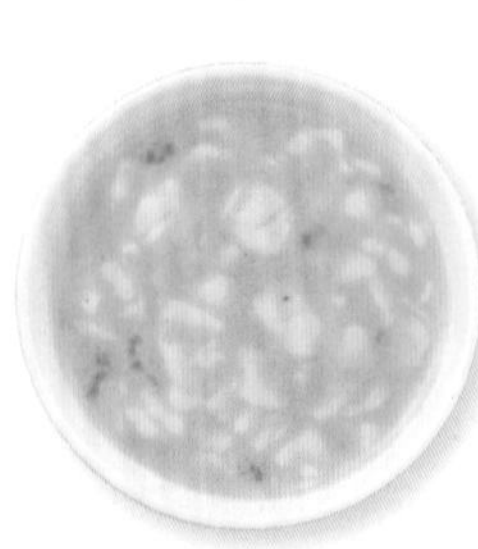

材料

酒 1 大匙　酱油 1 小匙

盐 ½ 小匙　胡椒粉少量

马铃薯淀粉 1 大匙

起司 4 片

蛋液 ½ 个

做法

起司切成丁状，所有材料拌匀即完成。

棒棒鸡

芝麻酱最适合用来搭配棒棒鸡，
用黄金芝麻取代白芝麻更是绝配

〈混搭酱料〉

基础款酱汁

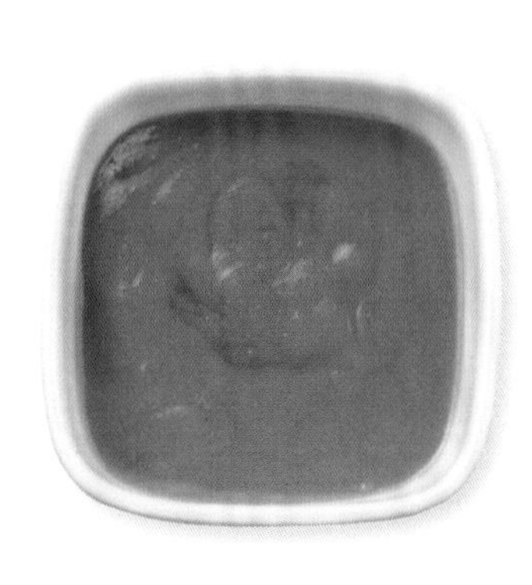

材料

砂糖、酱油、醋各 2 大匙
白芝麻酱 3 大匙
香油 1 大匙

做法

所有材料拌匀即完成。

蛋黄酱芝麻酱

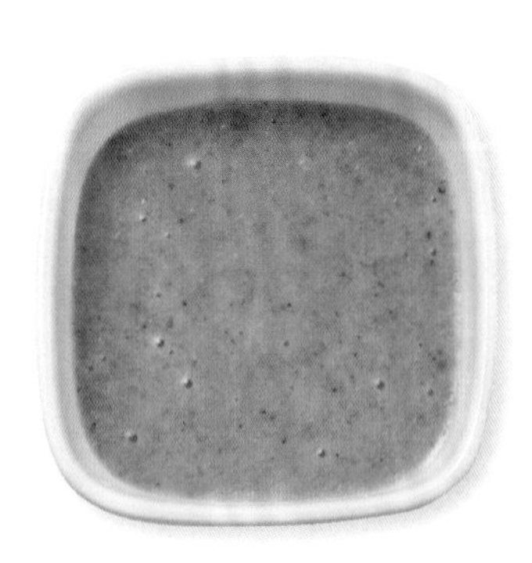

材料

砂糖 1½ 大匙
酱油 2 小匙
蛋黄酱 3 大匙
白芝麻粉 2 大匙

做法

所有材料拌匀即完成。

味噌酱

材料

砂糖、醋各 1½ 大匙
酱油 2 大匙
白芝麻酱 2½ 大匙
味噌 1 大匙
香油 1 大匙
白芝麻 1 小匙

做法

所有材料拌匀即完成。

基本做法

材料（2 人份）

鸡胸肉 1 片
小黄瓜 1 根
番茄 ½ 个
莴苣 2 片
〈混搭酱料〉适量

做法

①鸡胸肉水煮 5 ~ 7 分钟，盖上锅盖静置 30 分钟后冷却，切成 1 厘米宽的条状。
②小黄瓜切成细丝，番茄切薄片，莴苣切丝。
③把步骤①、步骤②的食材放入碗里拌匀，淋上混搭酱料。

用黄金芝麻让层次更丰富

黄金芝麻（黑芝麻和白芝麻的杂交品种），具有香气浓郁、口感更厚实的特征。油分含量也是三种芝麻中最多的，若用黄金芝麻酱当作棒棒鸡的淋酱，就可享用到更丰富的口感。

水煮猪肉

烹饪过程中用『小火慢煮』就是让整体口感更软嫩的关键诀窍

〈混搭酱料〉

洋葱酱

材料

洋葱泥 1 个

酱油、味醂各 4 大匙

酒 2 大匙　水 ½ 杯

做法

材料拌匀后放进锅里，边煮边搅拌到沸腾。在步骤③中淋在猪肉上。

番茄香料酱

材料

番茄（切成 0.5 厘米见方的丁状）1 个（约 300g）

洋葱（切碎末）¼ 个（约 40g）

欧芹（切碎末）2 大匙

醋、颗粒芥末酱各 1 大匙　盐 ½ 小匙

胡椒粉少量　橄榄油 3 大匙

做法

所有材料拌匀，在步骤③中淋在猪肉上。

蚝油酱

材料

酱油 ½ 大匙

蚝油 2 大匙　砂糖 1 大匙

做法

所有材料拌匀，在步骤③中淋在猪肉上。

青酱

材料

橄榄油 2 大匙　柠檬汁 1½ 大匙

腌酸黄瓜 1 根

欧芹末、洋葱末各 1 大匙

酸豆 ½ 大匙　大蒜末 ½ 小匙

鳀鱼 1 条　盐 ¼ 小匙

胡椒粉少量　辣酱油 ¼ 小匙

做法

腌酸黄瓜、酸豆、鳀鱼切成碎末，所有材料拌匀，在步骤③中淋在猪肉上。

中式调酱

材料

绍酒、砂糖、辣椒粉各 1 小匙

酱油 1 大匙　醋 2 小匙

白芝麻 2 小匙　葱末 2 小匙

姜末 1 小匙

做法

所有材料拌匀，在步骤③中淋在猪肉上即可。

基本做法

材料（4 人份）

猪五花肉块 500g

喜欢的蔬菜适量

〈混搭酱料〉适量

做法

①锅中放进猪五花肉块和 5 杯水、¼ 杯酒、盐 1 小撮、2 ~ 3 片姜、葱叶（1 ~ 2 根）（全部都是分量外）开火煮到沸腾后，撇掉上面的浮沫，转中火煮 40 ~ 50 分钟。熄火，静置冷却到温热为止。

②猪五花肉切成 0.5 厘米厚的片，附上蔬菜摆盘。

③淋上拌匀的混搭酱料即完成。

利用中式香料变换口味

丁香和八角是用于制作药膳的药材之一，具有极佳的消除腥臭味的效果。若把丁香塞进猪肉上划“十”字的缝里，可品尝到更强烈的香味，两种香料都必须在料理端上桌前去除。

浸煮

基本做法

材料（4 人份）

茄子 4 个

〈煮汁〉适量

葱圈、柴鱼片各适量

做法

①茄子洗净、去皮备用。

②在锅里将煮汁煮沸，放入茄子以中火煮 10 ~ 15 分钟至完全软烂。

③熄火，等降温到关火后再装盘，撒上葱圈和柴鱼片即完成。

〈煮汁〉

基础款浸煮

适用于：蔬菜浸煮

材料

酒 2 大匙

味醂、酱油各 2 小匙

高汤 1½ 杯

盐 1 小撮

做法

所有材料拌匀，在步骤②中加入。

辣味浸煮

适用于：鱼类浸煮

材料

酒 2 大匙

砂糖 1½ 大匙

酱油 3 大匙

高汤 3 杯

干红辣椒 3 根

做法

所有材料拌匀，在步骤②中加入。

芜菁泥蒸鱼

基本做法

材料（2 人份）

白肉鱼 2 片　薄口酱油 1 小匙

昆布（10 厘米见方的块状）1 片　蛋清 ½ 个

酒适量　芜菁泥蒸鱼的芡汁适量

盐适量　萝卜泥、姜泥各适量

芜菁 200 ~ 250g

做法

①白肉鱼并排在铺着昆布的深盘里，淋入酒、撒盐，放进蒸笼蒸 5 分钟，取出装盘。

②芜菁用刨刀削去厚一点的皮，磨成泥并过筛滤掉水分。

③用薄口酱油加入芜菁泥调味，加入蛋清搅拌。

④再放进深盘，中火蒸 6 ~ 8 分钟，等芜菁蒸至熟之后，摆在鱼的上面。

⑤淋上芡汁，最后放上萝卜泥、姜泥即完成。

〈芡汁〉

基础款芡汁

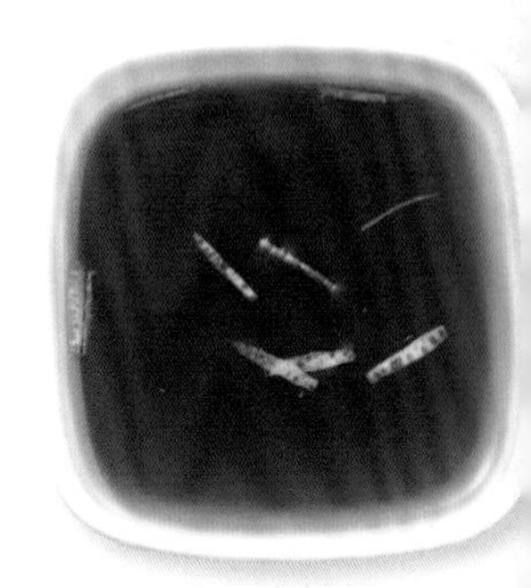

材料

味醂 1 小匙　酱油 2 小匙

高汤 ⅔ 杯　柚皮（切细丝）少量

马铃薯水淀粉 ½ 小匙

做法

所有材料拌匀，煮开即可。

蟹肉芡汁

材料

蟹肉罐头 40g

A［绍兴酒或酒 1 大匙

砂糖 ¼ 小匙

中式高汤 1½ 杯

盐 ½ 小匙　姜汁 ½ 小匙］

马铃薯淀粉适量　蛋清 1 个

做法

将 A 的材料放进锅里开火煮沸后，加入撕碎的蟹肉再煮一下，加入用等量的水溶解的马铃薯淀粉勾芡，最后慢慢加入打散的蛋清即完成。

筑前煮

基本做法

材料（2 人份）

鸡腿肉 ½ 个
牛蒡 ¼ 根
莲藕 1 小节
干香菇 2 朵
胡萝卜 ¼ 根
煮熟的竹笋 80g
小芋头 4 个
色拉油少量
〈煮汁〉适量
荷兰豆 6 个

做法

①锅中倒入色拉油烧热后，加入切成适口大小的鸡腿肉、切斜段的牛蒡、切成适口大小的莲藕、泡发并切半的香菇、胡萝卜块、竹笋块、小芋头拌炒。

②加入煮汁、撇掉浮沫，盖上内盖蒸煮 30 分钟左右。

③加入以盐水汆烫过的荷兰豆即完成。

〈煮汁〉

基础款筑前煮

材料

酒 1½ 大匙
味醂 1 大匙
砂糖 2 大匙
酱油 1½ 大匙
小鱼干高汤 ¾ 杯
干香菇还原汁 1½ 大匙

做法

所有材料拌匀，在步骤②中加入。

咖喱筑前煮

材料

酒、味醂各 2 大匙
酱油 1 大匙　高汤 1 杯
咖喱粉 1 小匙

做法

所有材料拌匀，在步骤②中加入。

炖羊栖菜

基本做法

材料（4 人份）

羊栖菜 30g　胡萝卜 ½ 根　水煮大豆（罐头）1 罐（40g）
色拉油 1 大匙　煮汁适量

做法

①羊栖菜用充足的水浸泡约 30 分钟。沥干羊栖菜的多余水分，如果太长则切成适口长度。胡萝卜削皮、切成 3 厘米长的条状。

②平底锅倒入色拉油，烧热后，以中火炒一下羊栖菜，加入胡萝卜拌炒，再加入水煮大豆。倒入煮汁后盖上内盖以中火焖煮到煮汁几乎收干即完成。

〈煮汁〉

基础款羊栖菜煮汁

材料

酒、味醂各 2 大匙
酱油、砂糖各 3 大匙　高汤 1 杯

做法

所有材料拌匀，在步骤③中加入。

羊栖菜的番茄煮汁

材料

水煮番茄切片（罐装）½ 罐（200g）
高汤粉 1 小匙
番茄酱 1 大匙　水 ½ 杯

做法

所有材料拌匀，在步骤③中加入。

羊栖菜的黄油酱油煮汁

材料

煮汁［酒、酱油各 1 大匙
砂糖 2 小匙　高汤粉 ½ 小匙
水 ½ 杯］
黄油 1 大匙

做法

在步骤③中，用黄油取代色拉油炒所有食材。充分拌匀煮汁的材料，加入拌炒的食材里。

酒蒸蛤蜊

基本做法

材料（2 人份）

蛤蜊 250g

细葱（切末）½ 根

〈混搭调味料〉适量

做法

①蛤蜊吐沙后，在水里搓洗外壳。

②将蛤蜊放进锅或平底锅，撒上混搭调味料，盖上锅盖开中火，煮到蒸汽冒出后等 1 分钟，再迅速搅拌。

③再次盖上锅盖，等蛤蜊壳全开，再撒上细葱拌一下，熄火。

〈混搭调味料〉

基础款酒蒸蛤蜊

适用于：蛤蜊和白肉鱼

材料

姜 ½ 片　酒 2 大匙

做法

在步骤②中加入材料再继续蒸煮。

高汤酒蒸蛤蜊

材料

酒 2 大匙　薄口酱油少量

高汤 ¼ 杯

姜（切细丝）½ 片

做法

在步骤②中加入材料蒸煮。

香草黄油酒蒸蛤蜊

材料

黄油 2 大匙

柠檬汁 ½ 大匙

欧芹 1 大匙

胡椒粉、盐各适量

白酒 2 大匙

做法

在步骤②中加入材料蒸煮。

马铃薯炖肉

基本做法

材料（4 人份）

小马铃薯 4 个　四季豆 80g　胡萝卜 1 根

色拉油少量　洋葱 2 个　〈煮汁〉适量

牛肉薄片 200g

做法

①食材洗净。马铃薯去皮后切成适口大小，胡萝卜去皮后切滚刀块，洋葱去皮切成薄片，四季豆去头和尾、汆烫后 3 等分。色拉油烧热后，放入胡萝卜、马铃薯、洋葱轻轻拌炒。

②加入牛肉，待肉变色，加入煮汁煮沸后撇掉浮沫，盖上内盖用中火焖煮约 15 分钟，盛盘，撒上四季豆装饰。

〈煮汁〉

基础款马铃薯炖肉

材料

味醂、酒各 1½ 大匙

砂糖、酱油各 2 大匙　高汤 1½ 杯

做法

所有材料拌匀，在步骤③中加入。

韩式马铃薯炖肉

材料

煮汁［酱油 3 大匙　蒜末 2 小匙　姜末 2 小匙
酒、砂糖各 1 大匙　煮小鱼干高汤 2½ 杯
韩式辣椒酱 2 大匙］

润饰［白芝麻粉 2 大匙　香油 1 大匙］

做法

在步骤②炒食材之前，先放色拉油、爆香。将煮汁的所有材料拌匀，在步骤③中加入。盖上内盖以中火焖煮，最后加润饰快速拌一下。

盐味马铃薯炖肉

材料

大蒜 2 瓣　酒、味醂、砂糖各 2 小匙

高汤 1½ 杯

盐 ½ 小匙　粗粒黑胡椒粉少量

做法

在步骤②以小火炒大蒜，待大蒜微微变色后取出。将所有材料拌匀，在步骤③加入。

茶碗蒸

基本做法

材料（2 人份）

鸡柳 1 块　鸭儿芹 2 根

虾 2 个　银杏 4 粒

酒 1 小匙　鸡蛋 1 个

盐少量　〈高汤〉适量

香菇 1 个

做法

①材料洗净。鸡柳切成适口大小，虾去尾剥壳、用酒和盐腌渍。香菇切薄片、银杏剥壳煮约 3 分钟后去皮，鸭儿芹切小段。将材料的 ½ 量放进耐热碗里。

②鸡蛋打进碗里仔细搅拌，加入高汤拌匀，以细目滤网过筛，慢慢倒入剩下的 ½ 食材。蒸笼水煮沸后放入，盖上裹着毛巾的锅盖后开大火煮 1 分钟，转小火蒸 15 分钟。

〈高汤〉

基础款茶碗蒸

材料

高汤［酒 ½ 小匙　味醂 1 小匙　高汤 1½ 杯
　薄口酱油 2 小匙　盐少量］

做法

在步骤②中将高汤和蛋液拌匀，用滤网过筛后倒进碗里。

中式茶碗蒸

材料

高汤［味醂 1 小匙　薄口酱油 ½ 小匙　中式高汤 2 杯　盐、胡椒粉各少量］

做法

在步骤②中将高汤和蛋液拌匀，过筛后倒进碗里。

〈芡汁〉

浇芡茶碗蒸

材料

芡汁［高汤 ½ 杯
　酒、薄口酱油、姜泥各少量
　马铃薯水淀粉（马铃薯淀粉 ½ 小匙、水 1 小匙）］

做法

把芡汁中马铃薯水淀粉以外的材料加热，煮开后再加入马铃薯水淀粉勾芡，淋在蒸好的茶碗蒸上即完成。

卤猪肉

基本做法

材料（4 人份）

猪五花肉块 600g

豆渣适量　细葱（切末）适量

〈煮汁〉适量

做法

①猪肉脂肪部分朝下，并排在平底锅里煎，沥出煎出的油脂再整个煎到上色，取出后浸在开水里。

②锅里放步骤①的食材和豆渣，倒水漫过食材，盖上内盖开大火煮，待水沸后转小火焖煮 1 ~ 1.5 小时。待猪肉变软取出，切成 4 ~ 5 厘米厚的片。

③锅里放猪肉和煮汁开中火煮约 25 分钟，再盖上内盖焖煮 5 ~ 10 分钟，撒上葱花。

〈煮汁〉〈润饰〉

炖肉块

材料

煮汁［酒、味醂各 ⅗ 杯
　砂糖、酱油各 2 大匙
　水 2杯］

润饰［酱油 1 大匙
　姜切薄片 4 ~ 5 片］

做法

在步骤③中将煮汁的材料放入锅中开中火煮，最后加入润饰的材料即可。

冲绳东坡肉

材料

煮汁［高汤 2 ~ 3 杯
　泡盛酒 ⅗ 杯
　黑糖 4 大匙］

润饰［酱油 ½ 杯］

做法

在步骤③加入煮汁的高汤和泡盛酒煮，待煮沸后加入黑糖盖上锅盖，转小火煮约 20 分钟。分三次约 10 分钟的时间，倒入润饰的酱油焖煮即可。

萝卜卤鰤鱼

基本做法

材料（2 人份）

萝卜 8 厘米　姜丝适量

鰤鱼 2 片　〈煮汁〉适量

做法

①萝卜切成 2 厘米厚的圆片、削皮后去棱角。锅中放水没过萝卜表面加热，待水煮开后转小火煮到竹扦可轻松插入，浸水备用。

②鰤鱼切成 2 ~ 3 等份，撒盐静置 10 分钟。放在滤筛上浇热开水，再以冷水清洗。

③锅中倒入煮汁的水和鰤鱼，开火煮至沸腾，加入煮汁的酒再煮到沸腾，稍微关小火，撇掉浮沫。

④加入萝卜煮 5 分钟，加入剩下的煮汁材料，转小火盖上内盖煮约 30 分钟，撒上姜丝即可。

〈煮汁〉

基础款萝卜卤鰤鱼

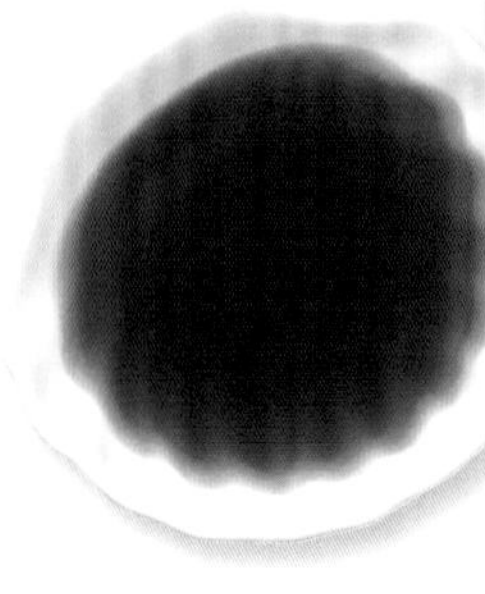

材料

酒、砂糖、味醂各 2 大匙

酱油 2½ 大匙

水 1½ 杯

做法

所有材料拌匀，在步骤③、步骤④中加入煮开。

韩式辣酱萝卜卤鰤鱼

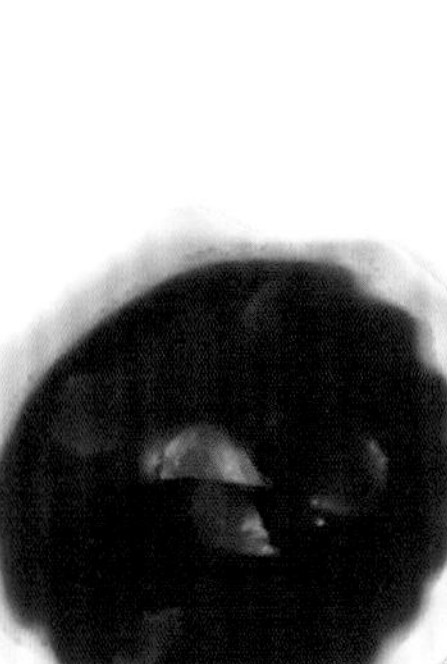

材料

酒 ¼ 杯　砂糖 ½ 大匙

酱油 1 大匙

韩式辣酱 1½ 大匙

姜 1 片

水 1½ 杯

做法

所有材料拌匀，在步骤③、步骤④的混合物中加入煮开。

煮白萝卜

基本做法

材料（2 人份）

萝卜 6 厘米

昆布（10 厘米块状）1 片

〈味噌酱〉适量

柚皮（切细丝）适量

做法

①萝卜轮切成 3 厘米厚的片、削皮后切去边角。盛盘时朝下的那面用菜刀划“十”字。

②锅里放昆布，将萝卜码在上面，加水到盖过表面后开中火煮。待煮开后转小火煮 30 ~ 40 分钟，煮到用竹扦可轻松插入即可。

③萝卜盛盘，依个人喜好淋上味噌酱，撒上柚皮丝装饰即可。

〈味噌酱〉

基础款味噌酱

材料

赤味噌 50g　酒 1 大匙

高汤、砂糖各 1½ 大匙

白芝麻酱 ½ 大匙

做法

所有材料放进小锅拌匀，开小火煮到变成糊状即可。

柚香味噌

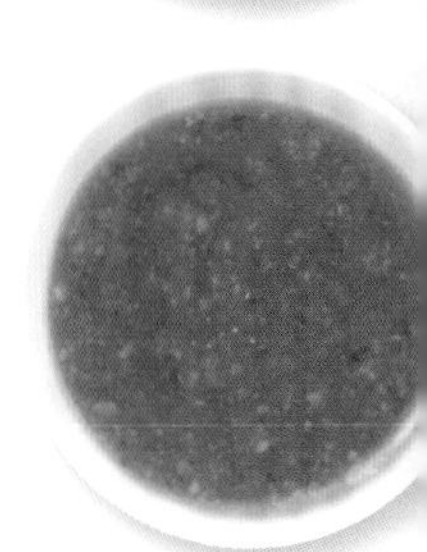

材料

味噌 ½ 大匙　砂糖 ½ 大匙

高汤（昆布高汤为宜）1 大匙

柚香胡椒粉少量

做法

所有材料拌匀。

白玉味噌

材料

白味噌 200g

味醂、酒备 1 大匙

蛋黄 1 个

做法

白味噌过筛，将所有材料放入小锅里拌匀，开小火煮到变成糊状。

意式水煮鱼

基本做法

材料（4人份）

白肉鱼1条　橄榄油3大匙
蛤蜊300g　大蒜（切薄片）1瓣
圣女果12个　蟹味菇½包
盐、胡椒粉各少量　〈煮汁〉适量
面粉2大匙

做法

①白肉鱼（石斑鱼、鲷鱼等）去鳞和内脏、洗净后擦干水，撒盐、胡椒粉，抹上一层薄薄的面粉。
②蛤蜊吐沙、洗净，圣女果纵向切成一半。
③平底锅用橄榄油热锅，将鱼的两面煎到上焦色。放入蒜片、圣女果、蟹味菇一起煮。
④将煮汁加入平底锅，煮沸后转中火，加入蛤蜊用中火煮至开口。

〈煮汁〉

基础款意式水煮鱼

适用于：白肉鱼等

材料

酸豆12个　黑橄榄6个
白酒8大匙　水2杯

做法

所有材料拌匀，在步骤④中加入。

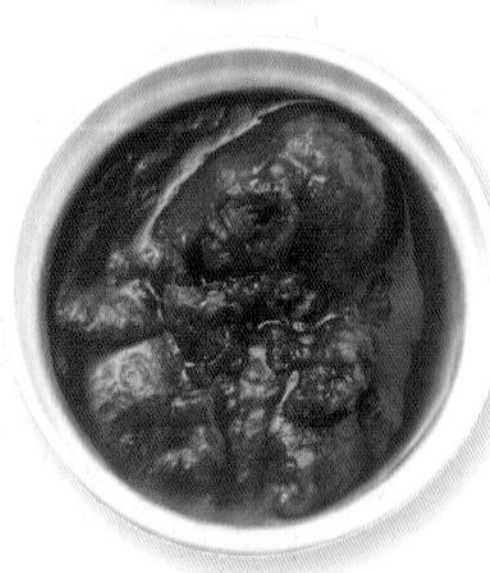

番茄水煮鱼

适用于：白肉鱼等

材料

腌鳀鱼2小片　油渍番茄干20g
水煮番茄（罐装）⅔罐（260g）
水½杯

做法

基本做法②中不使用小番茄。所有材料拌匀，在步骤④中加入。

和风水煮鱼

适用于：白肉鱼等

材料

酒½杯　味醂、醋各1大匙
薄口酱油2大匙　水1杯

做法

所有材料拌匀，在步骤④中加入。

墨西哥辣肉酱

基本做法

材料（4人份）

大红豆1杯　小洋葱（切末）1个
色拉油2大匙　牛肉馅200g
蒜（切末）1瓣　〈煮汁〉适量

做法

①大红豆洗净，放入水中浸泡一晚（约10小时）泡发，沥干后放入锅里，加入没过表面的水煮开。一面撇掉浮沫，一面转小火慢煮到变软，不加盖，加热90～120分钟。
②深口锅倒色拉油烧热，放入蒜末、洋葱末炒到熟透，加入牛肉馅仔细拌炒。倒入煮汁的材料，用中火煮到入味。
③大红豆沥干水分后加入，再煮20分钟左右，豆子呈泡发状态即可。

〈煮汁〉

基础款辣肉酱

材料

水煮番茄（罐装）400g
水1杯
番茄糊、番茄酱各3大匙
月桂叶2片　辣椒粉、牛至叶、小茴香籽各½小匙
高汤块1个
盐½小匙
胡椒粉少量

做法

在步骤②中加入。

简易辣肉酱

材料

大蒜1瓣
水煮番茄（罐装）400g
高汤块1个　月桂叶1片
咖喱粉2小匙　盐少量
胡椒粉少量

做法

在步骤②中加盐、胡椒粉以外的材料在锅中煮，最后再加盐、胡椒粉调味。

炸物

和风炸鸡

腌料和酱汁的组合
碰撞出让人惊艳的百变口味

一定要用小母鸡吗?

最适合用来做和风炸鸡的食材就是小母鸡，但为什么是小母鸡呢？因为小母鸡肌肉纤维较细且柔软，腌制时比较容易入味。老母鸡肉质比较紧实，口感比较浓郁，但是不适合用来做和风炸鸡。决定和风炸鸡味道的关键在于肉汁丰富的口感和腌酱。

基本做法

材料（2 人份）
鸡腿肉 1 片
〈腌酱〉适量
面粉适量
〈混搭酱料〉适量

做法

①鸡肉切成一口大小的块，用〈腌酱〉充分搓揉入味。
②在鸡肉块上面抹上一层薄薄的面粉，下入加热至 170℃的油锅中炸到酥脆，再淋上混搭酱料享用。

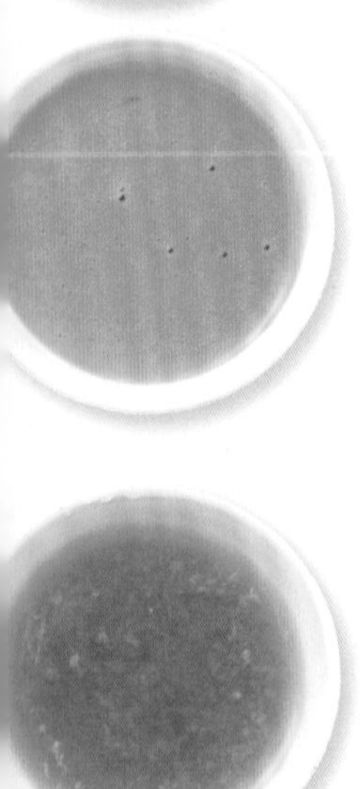

〈腌酱〉

基础款腌酱

材料
姜泥 2 大匙
酱油 1½ 小匙
酒 1 小匙
做法
将所有材料拌匀，加入鸡肉揉搓。

蚝油风腌酱

材料
蚝油 ½ 大匙
蛋液 ½ 个
蒜泥 ½ 小匙
胡椒粉少量
做法
所有材料拌匀，放入鸡肉揉搓。

鱼露风腌酱

材料
酒、鱼露各 1 大匙
蒜泥 ½ 小匙
姜泥 1 大匙
做法
拌匀材料，放入鸡肉揉搓。

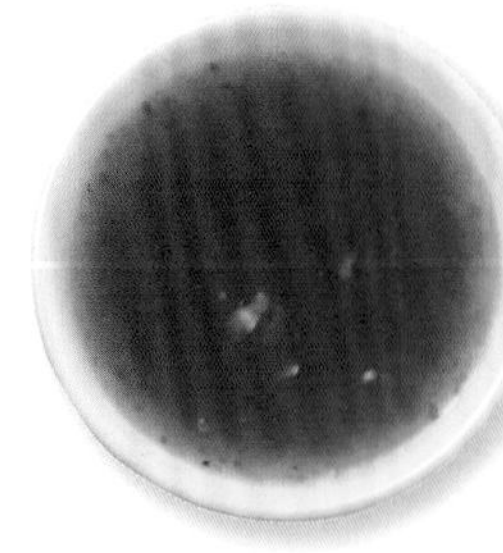

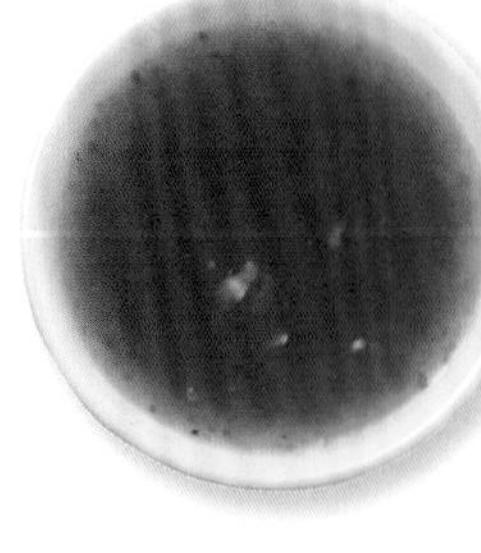

〈混搭酱料〉

炸鸡的梅子酱

材料
梅子肉干 3 个　高汤 1 杯
酱油、醋各 1 大匙
做法
混合材料、放进小锅里煮，待沸腾后加入 1 大匙的马铃薯水淀粉勾芡。

炸鸡的香料柑橘醋酱

材料
腌料 [盐 ½ 小匙　胡椒粉少量]
混搭酱料 [柑橘醋酱油 4 大匙　细葱切末 ½ 根
蘘荷（碎末）2 个
姜（切碎末）½ 片]
做法
用盐、胡椒粉腌肉。用混搭酱料混合所有材料即可。

炸鸡翅

基本做法

材料（2 人份）

鸡翅 8 个

酒 2 大匙

盐、胡椒粉各少量

面粉、炸油各适量

〈混搭酱料〉适量

做法

①鸡翅在肉和骨头之间割出切痕，撒上盐、胡椒粉，淋入酒，静置 5 分钟。

②在鸡翅上薄薄抹一层面粉，下油锅炸到上色，趁热淋上混搭酱料即可。

〈混搭酱料〉

基础款甜辣酱

材料

酱油、醋各 2 大匙

蜂蜜 1 大匙

蒜粉、胡椒粉各 ½ 小匙

做法

材料仔细拌匀，在步骤②中淋在鸡翅上。

韩式甜辣酱

材料

砂糖 ½ 大匙

酱油 1 小匙

韩式辣酱 1½ 大匙

香油 1 大匙

做法

混合好材料，直接送进微波炉（500W）加热 50 秒，在步骤②中淋在鸡翅上。

油淋鸡

基本做法

材料（2 人份）

鸡腿肉 1 片　面粉 2 大匙

酒 2 大匙　色拉油 1 大匙

酱油 1 大匙　炸油适量

胡椒粉少量　油淋鸡的〈酱汁〉适量

做法

①鸡腿肉对切成两半、切断筋的部分，放入碗里加酒、酱油、胡椒粉，用手搓揉入味，静置 10 分钟。

②在鸡肉上轻轻抹上面粉，再淋上色拉油。

③平底锅倒入约 1 厘米深的炸油，开中火热锅。在油温尚低时，鸡皮朝下放入锅里，炸 4 ~ 5 分钟，待炸出金黄焦色时翻面炸 2 分钟。

④待整体呈金黄焦色时，取出放在滤架上。再度放回炸油里，每一面炸约 1 分钟。

⑤取出鸡肉、沥油，静置 5 分钟。切成适口大小、摆盘，淋上油淋鸡的酱汁。

〈酱汁〉

基础款油淋鸡酱汁

材料

酱油、砂糖、醋、水各 1 大匙

葱末 1 大匙

香油 ½ 大匙

姜末、蒜末各 ½ 小匙

做法

所有材料拌匀。

油淋鸡的番茄酱

材料

酱油、醋、砂糖各 ½ 大匙

葱末 1 小匙

姜末、蒜末各 ½ 大匙

番茄（切碎丁）1 个

做法

所有材料拌匀，淋在炸好的油淋鸡上即可。

天妇罗

自制的天妇罗酱汁
搭配炸好的食材，
口感与味道皆上乘

基本做法

材料（2人份）
喜欢的蔬菜适量
蛋液1大匙
冷水½杯
面粉⅛杯
炸油适量
〈面衣〉适量

做法
①蔬菜洗净后拭干水分、撒上少许面粉（分量外）。
②碗里放蛋液、冷水搅拌均匀，加入面粉，用长筷迅速搅拌。蔬菜裹上面衣，放进160℃的油锅炸3～4分钟。

〈天妇罗酱汁〉〈蘸盐〉

基础款天妇罗酱汁

适用于：鱼贝类、蔬菜等
材料
高汤⅗杯
酱油1大匙
薄口酱油2小匙
味醂1½大匙
做法
将味醂倒入锅里煮，待煮开后加入剩下的材料再稍微煮一下即可。

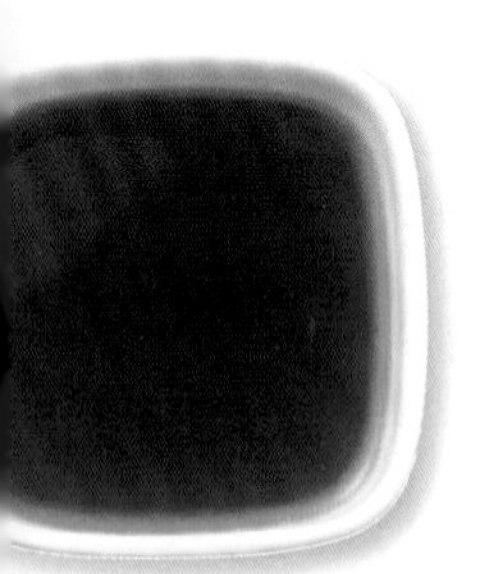

姜味酱汁

适用于：蔬菜等
材料
高汤½杯
味醂2大匙
酱油2大匙
姜汁1大匙
做法
高汤和调味料拌匀煮开，加入姜汁。

抹茶盐

适用于：蔬菜等
材料
抹茶
盐（抹茶和盐的比例为3：2）
做法
抹茶和盐混合均匀即可。

咖喱盐

适用于：鱼贝类等
材料
咖喱粉
盐（香料和盐的比例为3：2）
做法
咖喱粉和盐混合均匀即可。

〈面衣〉

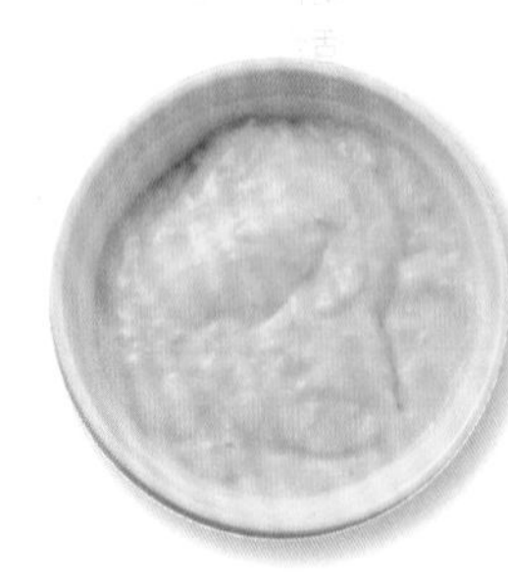

姜味面衣

材料
面粉½杯
马铃薯淀粉1大匙
酱油½大匙
姜泥1小匙
水4～5大匙
做法
材料拌匀后，当作面衣使用。

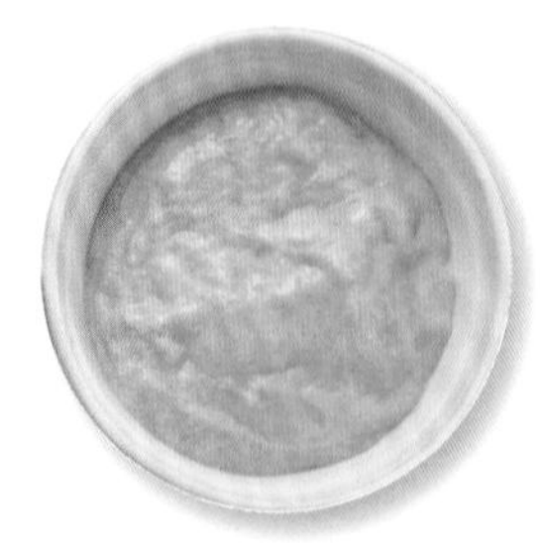

咖喱风味面衣

材料
面粉、水各¼杯
马铃薯淀粉½大匙
咖喱粉1小匙
做法
所有材料拌匀，当作面衣使用。

天妇罗就是要用海盐

海盐的矿物质含量比岩盐丰富，柔和的味道最适合当作蘸盐。若使用较细的颗粒盐，口感会更温润。粉状的盐更适用于当作天妇罗的蘸盐。

植物油

用于炒、炸、调等，在烹调过程中扮演着很重要的角色。涂抹在食材上有锁住美味的作用，搭配平淡的食材则具有提升美味的功效

菜籽油

制作色拉油的主要原料，清爽、没有其他的味道。在加拿大经品种改良后，当作色拉油使用。

紫苏籽油

富含现代人容易缺乏的 α 亚麻酸，由紫苏籽榨取精制的油品。用于调味、酱汁，不建议用在加热的菜品上。

椰子油

从椰子果肉提炼出的油，在东南亚普遍当作炒菜油或炸油使用。含有丰富的中链脂肪酸，对人体有益，近年来也因其保健功效受到重视。

葡萄籽油

在制作葡萄酒的过程中，用不要的籽榨取的油品。味道非常清爽，没有突出的味道，适用于任何烹调方式。由于不易冒烟，所以也是炸油的优先选择。

玉米油

具有独特的香醇风味，也可用在酱汁和蛋黄酱制作。耐高温，因此也适合当作炸油使用。此外，它也是人造奶油的制作原料。

葵花籽油

由于没有突出的味道，因此广泛运用在酱汁、炒菜油、炸油等烹调上。含有丰富的亚油酸，有一定的降低血液中胆固醇的功效。

芝麻油

香油依种类而有不同的味道和香味，广泛地运用在中餐、韩式料理、和食等亚洲各国料理中。含有丰富的抗氧化成分，因此不易氧化也是特征之一。含有丰富的亚油酸，可恢复身体组织的正常机能，也有可降低坏胆固醇的油酸等，有一定的保健效果。

香油

从生芝麻中榨取的油，口感、香味浓郁，没有异味，可广泛使用在和食、西餐、糕点制作上。

烘焙香油

最常见的香油，有独特的香气是特征，除了炒油和炸油，也可以当作菜肴的提味剂直接使用。

黑麻油

从黑芝麻中榨取的油品，具有黑芝麻独特的味道。也可以直接淋在清淡菜肴上，享受其散发的芳香。

低温压榨油

将烘焙好的芝麻用压榨机慢慢地榨出来的成品，由于在压榨过程中摩擦熟很少，所以含有非常丰富的特有香气，呈现透明度高的琥珀色油质。

炸猪排

初炸时用中火，要起锅前改高火就能炸出酥脆口感

〈淋酱〉

柑橘醋酱油

材料

柚子或酸橘等柑橘类的榨汁 ¼ 杯

味醂 ¼ 杯

昆布 10 厘米　酱油 5 大匙

薄口酱油 1½ 大匙

做法

将味醂倒入耐热碗里，送进微波炉（500W）加热约 3 分钟，冷却。昆布迅速擦拭一下。酱油、薄口酱油和味醂混合，加入柑橘类的榨汁拌匀。将昆布放在柑橘醋里，淋在炸猪排上即可。

味噌猪排酱

材料

八丁味噌 6 大匙　砂糖 2 大匙

高汤 6 大匙　酒 2 大匙

做法

将材料放进小锅里，开小火拌煮到沸腾，淋在炸猪排上即可。

甜辣酱

材料

A［味醂 2.5 大匙　酱油 1½ 大匙］

玉米淀粉 ½ 大匙

做法

将 A 放进小锅里煮沸，用玉米淀粉增加稠度。淋在炸猪排上。

鸡尾酒酱

材料

辣酱油 1 小匙

番茄糊 1½ 大匙

酱油 ½ 大匙　鸡尾酒 1 大匙

做法

所有材料拌匀，送进微波炉（500W）加热约 1 分钟。淋在炸猪排上。

姜味酱

材料

A［酱油、砂糖各 1½ 大匙　酒 ¼ 杯］

姜丝适量

做法

A 拌匀、煮沸，加入姜丝。淋在炸猪排上。

基本做法

材料（2 人份）

猪里脊肉（炸猪排用）2 片

盐、胡椒粉、炸油各适量

面粉、蛋液、面包粉各适量

〈淋酱〉适量

做法

①猪肉切断筋的部分、轻轻拍打后整形，抹上盐、胡椒粉。

②依照面粉、蛋液、面包粉的顺序裹上面衣。

③放进加热到170℃的油中炸 5 ~ 6 分钟。

④切成适口大小、摆盘，淋上淋酱。

八丁味噌

日本爱知县的特产，不用米曲或麦曲，只用大豆制作成的味噌。比较咸，味道醇厚、香气丰富是其特征，稍微煮开更能突显风味。也适合和其他味噌调配，尤其是和西京味噌调制成的樱花味噌，更广泛地运用在各种菜肴上。

炸物的蘸料

酸奶油酱

适用于：西式油炸饼等

材料

酸奶油 ⅓ 杯

洋葱泥 ½ 大匙

细葱（切末）1 大匙

盐、胡椒粉各少量

做法

酸奶油置于室温软化，和其他材料充分拌匀。

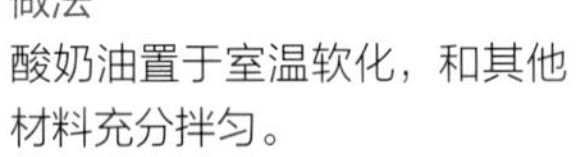

中式酱料

适用于：西式油炸饼等

材料

葱末 ½ 根

姜末 1 小匙　蒜末 ½ 匙

砂糖 1½ 大匙

酒、醋、番茄酱各 1 大匙

豆瓣酱、香油各 ½ 大匙

辣油少量

做法

葱、姜、大蒜和适量色拉油（分量外）一起爆香，再和其他材料拌匀。

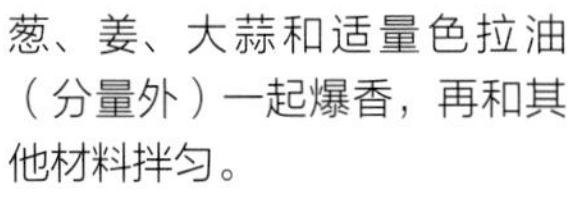

和风梅子酱

适用于：西式油炸饼等

材料

梅子肉干（大）2 个

面味露（2 倍浓缩）3 大匙

醋、色拉油各 1 大匙

做法

所有材料拌匀即完成。

简易酱料

适用于：可乐饼、炸肉饼等

材料

辣酱油、红酒、番茄酱各 2 大匙

做法

材料放进锅里搅拌均匀，迅速煮沸。

起司塔塔酱

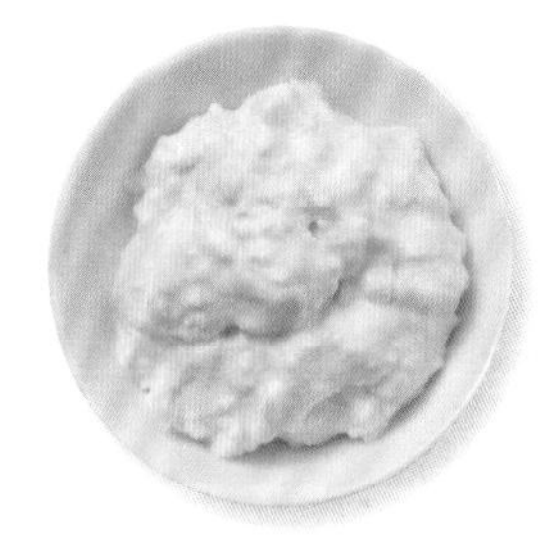

适用于：西式油炸饼等

材料

全熟水煮蛋碎末 1 个

茅屋起司 50g　蛋黄酱 4 大匙

做法

所有材料快速拌匀。

卡仕达酱

适用于：西式油炸饼等

材料

水 ½ 杯　柠檬汁 2 大匙

砂糖 3 大匙

卡仕达粉 ½ 小匙　盐少量

做法

材料放进锅里搅拌均匀，迅速煮沸即可。

番茄酱

适用于：可乐饼、炸肉饼等

材料

水煮番茄（罐装）1 罐（400g）

洋葱碎末 ¼ 个

月桂叶 1 小片　大蒜 1 瓣

橄榄油 2 大匙　盐 ½ 小匙

胡椒粉适量　砂糖 ½ 小匙

做法

把大蒜、月桂叶浸在橄榄油，闻到香料味道后加入洋葱末，用大火爆香，待所有材料炒软后转中火再炒，水煮番茄放进锅里，边压碎边煮。加入盐、胡椒粉、砂糖调味，挑出大蒜煮到汤汁收干。

酸奶酱

适用于：可乐饼、炸肉饼等

材料

酸奶 4 大匙

酸奶油、番茄酱各 1 大匙

辣酱油、盐、胡椒粉各少量

做法

把除盐、胡椒粉以外的材料放进耐热容器里，送进微波炉（500W）加热约 1 分钟，取出，用盐、胡椒粉调味。

油炸豆腐

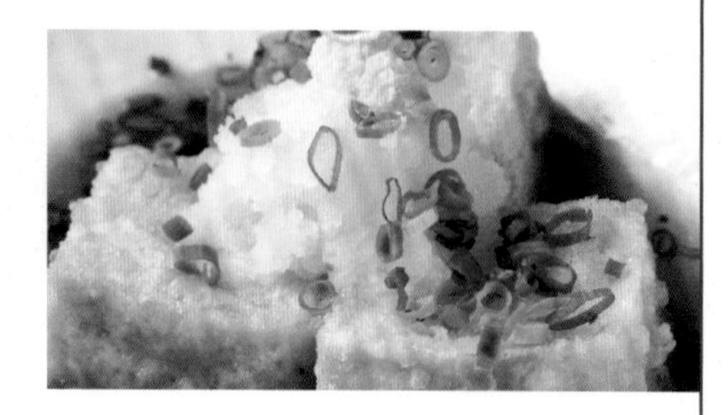

基本做法

材料（2 人份）

嫩豆腐 1 块　萝卜泥适量

马铃薯淀粉 1 大匙　姜泥适量

面粉 1 大匙　细葱（切末）适量

炸油适量　油炸豆腐的〈芡汁〉适量

做法

①嫩豆腐用厨房纸巾包覆，上面压着一个盘子，静置 20 分钟沥掉水分、切成 4 等份。

②在深盘里混合马铃薯淀粉、面粉，放入嫩豆腐整个裹满。

③炸油加热到 170℃，把豆腐放入油锅炸到均匀上色。

④沥掉油分后盛盘，摆上萝卜泥、姜泥装饰，撒适量葱花，淋上油炸豆腐的芡汁。

〈芡汁〉

基础款油炸豆腐芡汁

材料

A［高汤 1 杯　味醂 1 小匙
　酱油 2 小匙　盐少量］

马铃薯水淀粉适量

做法

把 A 放进小锅里快速煮沸，熄火加入马铃薯水淀粉，再度加热到汤汁变稠，淋在炸好的豆腐上。

梅子酱芡汁

材料

A［水 1 杯　昆布茶 ½ 小匙　梅子肉干 1 个
　味醂、酱油各 1 小匙　盐少量］

马铃薯水淀粉适量

做法

把 A 所有的材料放进小锅里快速煮沸，熄火加入马铃薯水淀粉，再度加热到汤汁变稠，淋在炸好的豆腐上。

滑菇芡汁

材料

混搭调味料［高汤 ¾ 杯　酒、味醂各 1 大匙
　酱油 2 小匙　盐少量］

滑菇 ½ 包　蟹味菇 1 包　马铃薯水淀粉适量

做法

把混搭调味料放进锅里煮沸，加入切除根部、剥开、洗净的蟹味菇和清洗过的滑菇，淋上马铃薯水淀粉勾芡，再淋在炸好的豆腐上即可。

炸鸡

基本做法

材料（2 人份）

鸡腿肉 1 片　炸油适量

盐、胡椒粉各少量　基础款〈酸甜酱〉适量

面粉少量　基础款〈塔塔酱〉适量

蛋液 1 个

做法

①横向切开鸡腿肉让厚度减半，再切成适口大小。

②撒盐、胡椒粉调味后，抹上面粉、浸在蛋液里。

③炸油加热到 160℃，放入鸡肉油炸 3 ~ 4 分钟，起锅沥掉油分，浸在酸甜酱里，装盘后附上塔塔酱即可。

基础款酸甜酱

材料

醋、味醂各 1½大匙

酱油 2½ 小匙

砂糖 1 大匙

番茄酱、辣酱油各 1 小匙

柠檬汁、盐、胡椒粉各少量

做法

将材料放进锅里煮沸，蘸裹炸好的肉。

基础款塔塔酱

材料

全熟水煮蛋碎末 ½ 个

欧芹碎末少量

酸黄瓜碎末 2 根

洋葱碎末 1 大匙

蛋黄酱 2 大匙

牛奶 1 大匙

颗粒芥末酱、白酒各 1 小匙

盐、胡椒粉各少量

做法

所有材料拌匀，淋在炸鸡上即完成。

矶边炸（日式炸物的一种）

基本做法

材料与做法（2 人份）

4 根小竹轮卷薄薄裹上矶边炸面衣，用 170 ~ 180℃的适量炸油炸到上色即可。

〈面衣〉

基础款矶边炸面衣

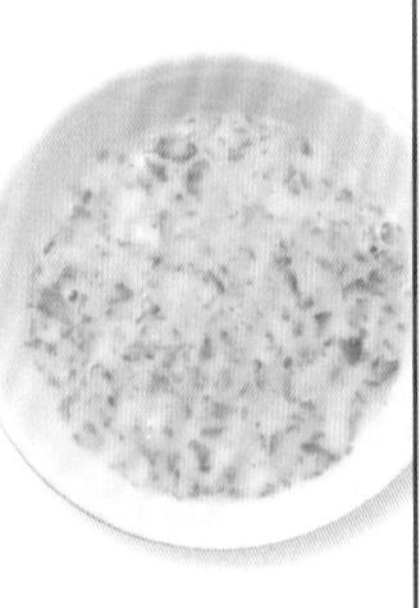

材料

冷水 2 大匙

天妇罗粉 2 大匙

青海苔 ½ 大匙

做法

材料拌匀后沾裹竹轮卷，下油锅炸。

咖喱风味矶边炸面衣

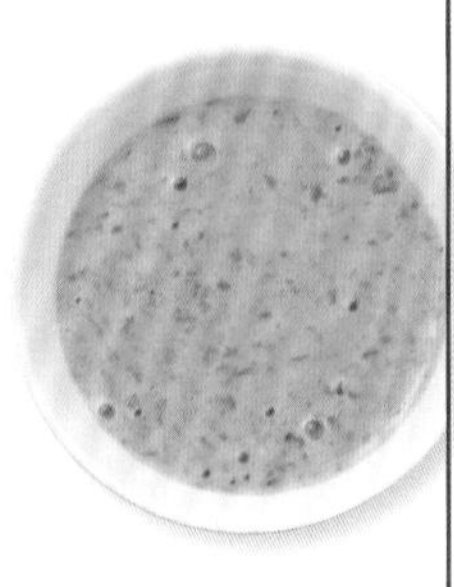

材料

面粉 3 大匙

泡打粉 1 小撮

青海苔 ½ 大匙

咖喱粉 ½ ~ 1 小匙

冷水 2 大匙

做法

材料拌匀后沾裹竹轮卷，下油锅炸至熟捞出。

美式炸鸡

基本做法

材料（2 人份）

鸡肉（喜好的部位）250 ~ 300g　美式炸鸡的〈调味料〉适量

美式炸鸡的〈腌料〉适量　高筋面粉、牛奶各 ¼ 杯　蛋液 ½ 个

马铃薯淀粉各 ½ 大匙　面粉 1½ 大匙　盐、胡椒粉各 ¼ 小匙

做法

①用叉子在鸡肉上戳几个孔，放进密封保鲜袋，加入美式炸鸡的腌料，挤出袋内空气后封紧袋口，整个抓揉后，放进冰箱冷藏 3 小时以上。

②蛋液和牛奶拌匀。混合面粉、高筋面粉、马铃薯淀粉、盐和胡椒粉。

③取出鸡肉恢复至室温，依步骤②顺序裹上面衣，拍掉多余粉料，放进加热到 160℃的炸油分量外，慢慢炸到中心部熟了，再转到 19℃左右的高温炸到呈浅棕色，捞出，沥掉油分，整体撒上美式炸鸡的调味料即完成。

〈腌料〉

炸鸡的腌料

材料

白酒 2 大匙　盐、辣椒粉、蒜泥各 1 小匙

胡椒粉少量　薄口酱油 ½ 小匙　月桂叶（碎末）½ 片

做法

材料拌匀，在步骤①中当作腌料腌肉。

〈调味料〉

起司调味料

材料

起司粉 3 大匙　粗粒黑胡椒粉 ½ 小匙　盐少量

做法

材料拌匀，在步骤③中撒在炸鸡上。

香料调味料

材料

砂糖 1 大匙　咖喱粉 1 小匙　盐 ¼ 小匙

山椒粉、胡椒粉各 ½ 小匙　欧芹碎末 1 大匙

做法

材料拌匀，在步骤③中撒在炸鸡上。

和风调味料

材料

青海苔、白芝麻各 1 大匙　盐 ¼ 小匙

做法

材料仔细拌匀，在步骤③中撒在炸鸡上。

炸春卷

基本做法

材料（4人份）

猪梅花肉片 200g　香菇 2～3个

蛋清少量　青椒 2个

酒 2大匙　色拉油 1大匙

酱油 1小匙　春卷皮 16张

胡萝卜 1根　〈调味料〉适量

煮熟的竹笋 1个　马铃薯水淀粉适量

〈酱料〉适量

做法

①猪梅花肉片切细丝、放进碗里，加蛋清、酒、酱油仔细揉至入味。材料洗净，去皮的胡萝卜、煮熟的竹笋、香菇与去蒂去籽的青椒切细丝。平底锅加色拉油热锅，依序放入猪肉、蔬菜炒到变软，加春卷的调味料调味，淋上马铃薯水淀粉勾芡，起锅冷却。

②把①的食材 16 等分、包入春卷皮，包好后在皮的边缘抹上少量色拉油固定。炸油加热到 170℃，一次放 4 条下油锅炸到整体转浅棕色，起锅盛盘，附上春卷酱料。

〈调味料〉

基础款春卷

材料

酒 1大匙　砂糖 1小匙　水 1杯　酱油 1.5大匙

蚝油 2小匙　鸡高汤粉 ½小匙　胡椒粉少量

做法

材料充分拌匀，在步骤①中加入。

味噌风味春卷

材料

味噌 4大匙　酒 2大匙

砂糖 1大匙　酱油 1小匙

做法

材料充分拌匀，在步骤①中加入。

〈酱料〉

辣酱

材料

A［鸡汤 ¾杯　番茄酱 4大匙

酒 1½大匙　砂糖 1大匙　豆瓣酱 ½大匙

盐 ¼小匙　胡椒粉少量］

葱末 1大匙　蒜末、姜末各 1小匙

醋少量　马铃薯水淀粉适量

做法

A 混合好备用。锅中倒入 1 大匙色拉油（分量外）烧热，加入葱、蒜、姜爆香，加入 A 煮沸，加醋和马铃薯水淀粉勾芡，在步骤②当春卷蘸酱。

干烧虾仁

基本做法

材料（2人份）

虾 150g　色拉油、盐、胡椒粉适量

干烧虾仁的〈酱料〉适量

做法

虾去壳、去肠泥，抹盐、胡椒粉调味，用色拉油快速炒一下，起锅。干烧虾仁的酱料用平底锅煮沸，再放入虾煮至入味即可。

〈酱料〉

基础款干烧虾仁

材料

洋葱末 ½个　蒜（切末）1瓣

色拉油 1大匙　豆瓣酱、砂糖 ½大匙

A［酱油 1大匙　番茄酱 3大匙］

B［鸡高汤粉 ½小匙

水 ½杯　马铃薯淀粉 1小匙］

做法

平底锅用色拉油热锅，放入大蒜和豆瓣酱用小火爆香。加入洋葱末转中火炒，待熟透加砂糖，转大火拌炒一下。炒出光泽后，加入 A 拌炒到汤汁收干，水分收干到用锅铲搅拌时能清楚看到锅底，熄火，加入拌匀的 B 即可。

地道干烧虾仁

材料

A［酒 ½大匙　酱油 ½大匙］

葱末 5厘米　姜末 1片　蒜（切末）1瓣

B［酒 2小匙　酱油、番茄酱各 1大匙

砂糖、蚝油各 ½大匙　豆瓣酱 ¼小匙］

做法

在步骤①用 A 取代盐和胡椒粉，蘸裹虾仁，静置 10～15 分钟。平底锅加 1 大匙色拉油（分量外）热锅，加入葱、姜、蒜以小火爆香。待闻到香味后，加入混合均匀的 B 煮到稍微收干水分，在步骤②中加入即完成。

饭类

饭团

梅子肉干柴鱼

材料（2 人份）
梅子肉干（中等大小）4 个　柴鱼片 3g
酱油、鸡粉各少量
米饭约 400g
做法
梅子肉去核、用菜刀拍成泥状，加入柴鱼片、酱油、鸡粉，再度拍打。放在饭的中央，捏成饭团。

紫苏墨鱼仔柚香胡椒粉

材料（2 人份）
酱油 ½ 小匙　墨鱼仔 4 大匙
青紫苏（切细丝）4 片
柚香胡椒粉少量
米饭约 400g
做法
将材料和饭拌匀，捏成饭团，柚香胡椒粉可视个人喜好增减。

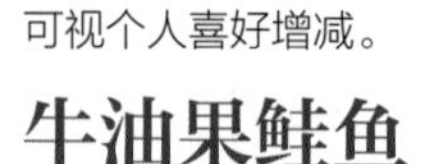

牛油果鲑鱼

材料（2 人份）
牛油果（切成 1 厘米见方的丁状）¼ 个
鲑鱼香松 80g　蛋黄酱 1 大匙
胡椒粉少量　米饭约 400g
做法
将材料和饭拌匀、捏成饭团即完成。

烤饭团

黄油酱油

材料（2 人份）
酱油 2 大匙　黄油 2 大匙
做法
材料拌匀，抹在饭团上，烘烤即完成。

山椒酱油

材料（2 人份）
酱油 2 大匙　山椒粉适量
做法
材料拌匀，抹在饭团上，烘烤即完成。

梅子肉干酱油

材料（2 人份）
薄口酱油 ½ 小匙
梅子干 1 个　味醂 1 小匙
细香葱末 ½ 大匙
做法
梅子干去核后过筛，材料拌匀，抹在饭团上，烘烤即完成。

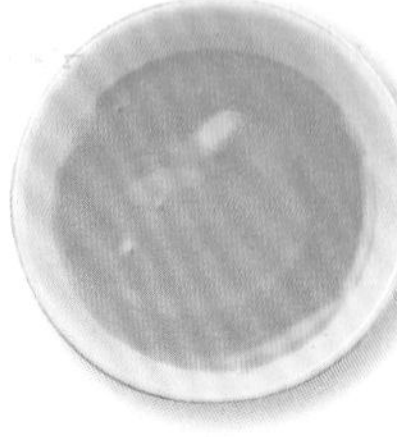

蛋黄酱酱油

材料（2 人份）
酱油 2 小匙　蛋黄酱 2 大匙
做法
材料拌匀，抹在饭团上，烘烤。

芝麻味噌

材料（2 人份）
淡色味噌、味醂、砂糖各 1 大匙
白芝麻 2 小匙
做法
材料拌匀，抹在饭团上，烘烤。

葱花味噌

材料（2 人份）
麦味噌 1 大匙
味醂、砂糖各 1 大匙
细葱末 1 大匙
做法
将材料拌匀，抹在饭团上，烘烤即完成。

核桃味噌

材料（2 人份）
淡色味噌 1 大匙　核桃碎末 4 个
砂糖 1 大匙　味醂 1½ 大匙
做法
材料拌匀，抹在饭团上，烘烤即完成。

中式味噌

材料（2 人份）
甜面酱 1 大匙　豆瓣酱 1½ 小匙
砂糖 1 大匙　味醂 1 大匙
做法
材料拌匀，抹在饭团上，烘烤即完成。

酱油

说到有日本特色的调味料，非酱油莫属。美丽的色泽和浓郁的香气，具备甘味、酸味、盐味、苦味、美味等『五原味』，是一种万能调味料。为了突显这种独特的香气和美味，诀窍在于调味料的最后添加

浓口酱油

即浓味酱油，以具有明亮的红褐色和丰富的香气为特征，除了加热烹调，也可以当蘸酱、浇酱使用。

薄口（淡口）酱油

特征是盐分比浓口酱油低、色泽较淡，适用于凸显食材原味和特色，常用于做汤。

溜酱油

特征为具有黏稠、浓厚口感以及独特香气，加热后会呈现漂亮的红色，因此常用于照烧或烤仙贝。也很适用当生鱼片蘸酱。

再仕入酱油

采取二度酿造的制法，色泽、味道、香气都很浓醇。当蘸酱、调味用，也有“甘露酱油”的称呼。

白酱油

盐分和淡口酱油相同，颜色更淡薄。由于发酵时间短，味道较清淡。具有特殊的香气，常用在汤品和茶碗蒸等菜肴上。

鱼酱

鱼酱为鱼贝类发酵后制成的液体调味料。日本自古就有制造鱼酱的文化，但只有部分地区仍保留“酱油”的名称。在保留名称的地区，鱼酱至今仍然是制作家乡菜不可或缺的调味料。由于味道独特，所以很容易分辨品质的好坏。鱼酱一经加热就变得柔和且美味升级，是非常优秀的调味料。

咸鱼汁

也称为鱼酱汁，在用盐腌制大鳍毛齿鱼时，从渗出的汁液过滤出的产物，具有独特的香气和丰富的甘味是其特征。

玉筋鱼酱油

用产于濑户内海的玉筋鱼制成，也是日本历史最悠久的酱油。也可以用作豆腐和生鱼片的蘸酱。

鱼酱鱼

富山名产，用沙丁鱼和墨鱼制成，用于给炒蔬菜调味，制作肉类菜肴也很搭。

鱼露

泰国最具代表性的调味料，具有独特的香气和浓厚的味道是特征。

日式炊饭

将全部食材放进饭锅里，做法真的超简单！当香味四溢时，引人垂涎

〈混搭调味料〉〈配菜〉

基础款日式炊饭

材料

混搭调味料 [酒 1½ 大匙
酱油 1½ 小匙　盐少量]

配菜 [鸡腿肉 ½ 片　油豆腐 ½ 片
舞菇 ½ 包　胡萝卜 ⅓ 根]

做法

鸡肉切成 1 厘米见方的丁状，油豆腐切成 1 厘米见方的丁状，舞菇切掉根部、切成适口长度，胡萝卜切成小丁，参照基本做法。

基本做法

材料（4 人份）
米 2 杯
〈混搭调味料〉适量
〈配菜〉适量

做法

①2 杯米淘洗干净、加适量的水放进电锅里，浸泡 30 ~ 60 分钟。

②把混搭调味料加入①中搅拌一下，上面铺上配菜，蒸饭。蒸好后闷 7 ~ 8 分钟，再用饭勺上下翻搅一下。

栗子饭

材料

混搭调味料 [酒 1 大匙
盐 ½ 小匙　味醂 1½ 大匙]

配菜 [栗子 20 粒]

做法

栗子去壳备用，在步骤②中加入混搭调味料、配菜，蒸饭前全部拌匀。

猪五花肉和明太子的日式炊饭

材料

混搭调味料 [酒 1 大匙
鸡高汤粉 ½ 小匙]

配菜 [辣味明太子 ½ 块
猪五花肉薄片 100g]

做法

猪肉切成 1 厘米宽的条状，参照基本做法。

橄榄油风味秋刀鱼日式炊饭

材料

混搭调味料 [盐 ½ 小匙
酒 2 大匙
昆布（5 厘米见方）2 片]

配菜 [秋刀鱼 2 条]

A [橄榄油 2 大匙
酸橘（挤汁）2 ~ 3 个]

做法

秋刀鱼去除头、内脏，洗净后拭去水分，放在烤架上两面烤熟。参照基本做法，昆布拭去污垢放在米的上面，等饭蒸好后取出。煮好后，淋上 A 享用。

豆饭

材料

混搭调味料 [盐 1 小匙
酒 1 大匙　昆布（5 平方厘米）1 片]

配菜 [青豆 150 ~ 200g
（实重 75 ~ 100g）]

做法

青豆去豆荚，用水冲洗一下。参照基本做法，昆布擦去污垢放在米的上面，等饭蒸好后取出。

炒饭

想要炒出粒粒分明的炒饭
诀窍在于使用热饭

基本做法

材料（2 人份）

火腿 4 片
色拉油 1 大匙
蛋液 1 个
盐 ½ 小匙
热饭 400g
胡椒粉少量
〈调味料〉适量
细葱末 ⅓ 根
姜（切末）½ 片

做法

①火腿切成 0.5 厘米见方的块状。
②平底锅倒入色拉油，烧热后，倒入蛋液、迅速搅拌到半熟状态，加入热饭翻炒一下，用硅胶铲一边让蛋液蘸上饭粒一边翻炒。等蛋炒熟后，再加入火腿、盐、胡椒粉拌炒。
③等米饭炒松后，均匀撒上调味料拌炒。
④撒细葱末、姜末炒匀后即可盛盘。

〈调味料〉

基础款炒饭

材料
酱油 1 小匙
做法
参照基本做法。

泰式炒饭

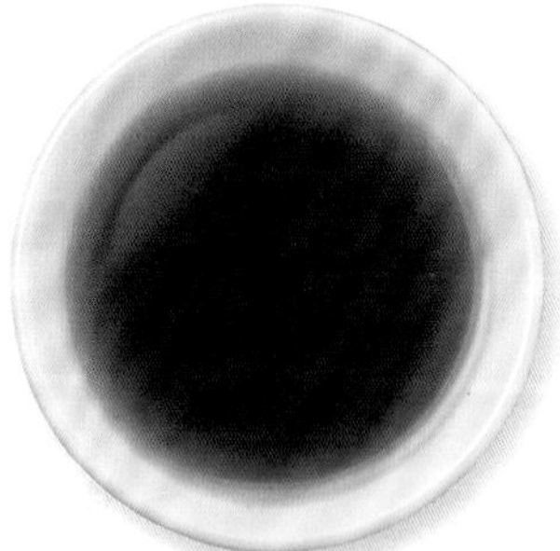

材料
鱼露 ¾ 大匙
砂糖 ¼ 小匙
做法
参照基本做法，在步骤③中加入鱼露和砂糖，代替酱油。

XO 酱炒饭

材料
XO 酱 1 大匙
酱油 ½ 大匙
鸡汤 1½ 大匙
姜末 ½ 小匙
酒、香油各 ½ 大匙
做法
所有材料拌匀，参照基本做法，在步骤③中加入，代替酱油。

泡菜炒饭

材料
白菜韩式泡菜 150g
酱油 ¼ 大匙
做法
参照基本做法，将泡菜切碎，在步骤④中加入。

烤肉酱炒饭

材料
烤肉酱 2 大匙
白芝麻 1 大匙
做法
参照基本做法，在步骤③中加入烤肉酱和白芝麻，代替酱油。

烩饭

不需要厨艺就能吃到的美味，
只要把材料直接加进锅里即可

黄油烩饭

材料
油［黄油 ½ 大匙］
香料蔬菜［洋葱末 ⅛ 个
蒜（切末）½ 瓣］
酒［白酒 ¼ 杯］
汤［鸡汤 2 杯
鲜奶油 5 大匙］
做法
参照基本做法，最后依个人喜好撒上适量起司、胡椒粉（分量外）。

番茄烩饭

材料
油［橄榄油适量］
香料蔬菜［大蒜 ½ 瓣
洋葱（切末）½ 个］
酒［白酒 2 大匙］
汤［鸡汤 2 杯
块状水煮番茄（罐装）100g］
做法
大蒜拍碎，参照基本做法。

和风樱花虾烩饭

材料
油［色拉油 2 小匙］
香料蔬菜［葱白（切末）¼ 根］
酒［酒 3 大匙］
汤［高汤 1½ 杯　酱油 1½ 大匙
樱花虾干 4 ~ 5 大匙］
做法
参照基本做法，最后撒上适量的盐，依个人喜好撒海苔碎片。

咖喱烩饭

材料
油［黄油 ½ 大匙］
香料蔬菜［洋葱末 ¼ 个］
酒［白酒 2 大匙］
汤［咖喱块 15g　水 1½ 杯
胡椒粉少量］
做法
参照基本做法，放入即可。

基本做法

材料（2 人份）
米 ½ 杯　酒适量
食用油适量　汤适量
〈香料蔬菜〉适量　喜好的配菜适量
做法
①平底锅放食用油烧热后，加入香料蔬菜爆香。
②放进米拌炒，待米呈半透明状时，倒入酒，开大火炒到水分收干。加入喜好的配菜拌炒。
③分 2 次、每次以 ⅓ 的量加入汤，一面大火拌炒、一面收干水分。待加入最后的汤时，转中小火煮 8 ~ 10 分钟，过程中偶尔搅拌一下，盛盘。

烤饭

基本做法

材料（2 人份）

热饭 350g　〈烤饭酱料〉适量

黄油 1 小匙　起司 80g

盐、胡椒粉各少量　欧芹末 1 小匙

做法

①把黄油、盐、胡椒粉加入热饭里搅拌，让黄油化开。

②在耐热容器里抹黄油（分量外），加入步骤①的饭，铺上烤饭酱料，上面撒上起司、欧芹末。

③送进烤箱加热约 10 分钟，若中途表面开始焦化，可在上面罩上铝箔纸。

〈烤饭酱料〉

茄子肉酱烤饭

材料

茄子 3 个

蒜（切末）½ 瓣

洋葱（切末）¼ 个

肉酱罐头 1 瓶

橄榄油 2 大匙

做法

橄榄油加热，茄子切成一口大小，将茄子、大蒜、洋葱下锅炒至茄子变软，再加入肉酱煮。在步骤②铺在饭上面。

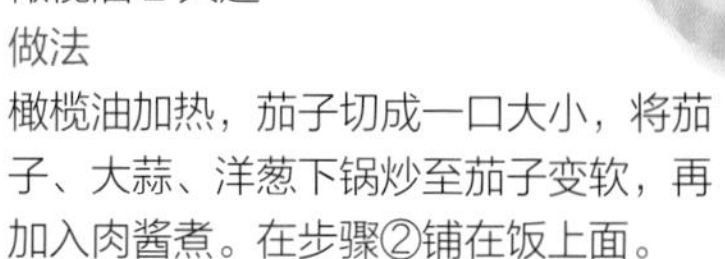

咖喱烤饭

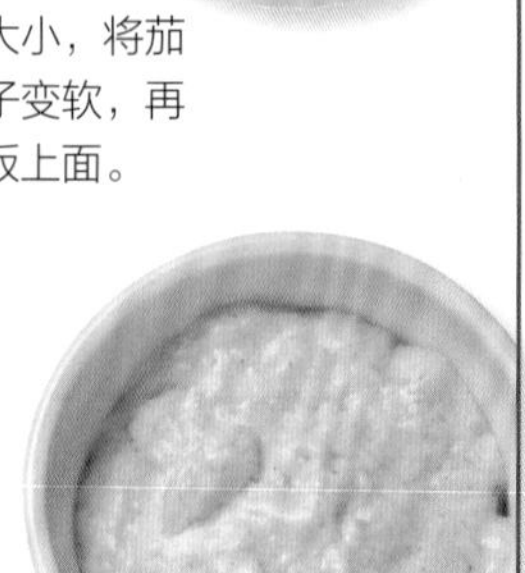

材料

咖喱粉 1 小匙

面粉 1 大匙

高汤块 ½ 个

热开水 ⅔ 杯

鲜奶油 ½ 杯

黄油 1 大匙

盐、胡椒粉各适量

做法

黄油放进平底锅加热至化开，加入咖喱粉、面粉搅拌后倒入汤汁（用热开水溶解高汤块后的汤汁）匀开。加入鲜奶油搅拌，撒盐、胡椒粉调味。在步骤②铺在饭上面。

焗烤

基本做法

材料（2 人份）

菠菜 ½ 把　面粉 1 小匙

洋葱 ½ 个　色拉油适量

蟹味菇 ½ 包　〈焗烤酱料〉适量

鸡腿肉 ½ 片　起司粉适量

白酒 1大匙　盐、胡椒粉各适量

化黄油 10g

做法

①菠菜稍微汆烫后，切成 3 厘米长的段，多撒些盐、胡椒粉调味，铺在用化黄油抹匀的耐热容器上。

②洋葱切丝，蟹味菇切除根部后剥开。鸡腿肉切成一口大小，抹上少量的盐、胡椒粉、面粉。

③平底锅放色拉油加热，鸡皮朝下煎两面，等煎熟后加入洋葱、蟹味菇炒到变软，洒上白酒、盖上锅盖焖煮。

④把焗烤酱料加入步骤③，拌匀后熄火。起锅铺在步骤①上面，撒上起司粉，送进预热到 230℃的烤箱加热 10 ~ 15 分钟上色。

〈焗烤酱料〉

基础款酱料

材料

A［面粉 2½ 大匙

高汤粉 ½ 大匙　盐 ½ 小匙］

牛奶 1½ 杯

B［黄油 1½ 大匙　胡椒粉少量］

做法

把 A 放进锅里，用搅拌器拌匀。一边加入牛奶、一边搅拌均匀，再开中火加热约 2 分钟。加入 B 拌匀，途中避免起泡。换橡皮刮刀继续拌煮，待呈现稠状时熄火，盖上锅盖冷却。在步骤④加入。

味噌蛋黄酱焗烤

材料

味噌、蛋黄酱各 2 大匙

砂糖 1 大匙

做法

材料拌匀，在步骤④中加入，移到耐热容器中，撒上起司粉，送进烤箱加热到上色。

咖喱

即使在家里也能好好享用
充满香料的地道咖喱

基础款咖喱饭

材料（4 人份）
猪肉块 400g
洋葱 1 个
胡萝卜 1 根
马铃薯（大）2 个
蒜（切末）1 瓣
姜末 ½ 片
A［咖喱粉 ½ 小匙
　盐、胡椒粉各少量］
咖喱块 100g
月桂叶 2 片
盐、胡椒粉各适量
色拉油 1 大匙
黄油 1 大匙
热饭适量

做法
①猪肉块加 A 腌入味，洋葱切成半圆形的片，马铃薯切成一口大小、浸水后沥干。
②平底锅放色拉油加热再放入黄油化开，放猪肉下锅炒到表面上焦色。加入蒜末、姜末炒香后，再加入蔬菜拌炒。
③加入 4 杯水，煮沸后撇掉浮沫，加入月桂叶盖上锅盖，转小火煮 15 ~ 20 分钟。
④熄火，加入咖喱块溶解，再度开小火煮约 5 分钟。撒上盐、胡椒粉调味，和饭一起盛盘。

酒粕咖喱

材料（4 人份）
热饭适量
猪肉 400g
洋葱 2 个
酒粕 20g
咖喱块 100g
色拉油 1 大匙

做法
①猪肉切成一口大小的块，洋葱切丝。
②锅里放色拉油加热，放入步骤①中的食材转中火拌炒，待肉的颜色变白后，加入 3 杯水和酒粕，煮沸后转小火、盖上锅盖，焖煮 40 分钟。
③熄火，放入咖喱块，再度开小火煮约 5 分钟，和饭一起盛盘。

蔬菜汤咖喱

材料（4 人份）

带骨鸡腿肉 4 个（约 600g）
大蒜 1 瓣
盐 ½ 片
洋葱（切末）½ 个
姜 2 个
马铃薯（小）4 个
胡萝卜（小）2 根
南瓜 200g

A［酒 3 大匙
盐 2 大匙
月桂叶 1 片
干红辣椒 2 个
粗粒黑胡椒粉 1 小匙］

B［咖喱粉 1 ~ 2 大匙
辣椒粉 1 小匙
酱油 ½ 大匙］

做法

①带骨鸡腿肉煮 5 分钟起锅、沥干水分。大蒜、姜切薄片，和预煮过的鸡肉、洋葱末一起，加 8 杯水开大火煮沸，撇浮沫、加入 A 搅拌，盖上锅盖焖煮 20 分钟。
②洋葱、马铃薯、胡萝卜、南瓜各切成适口大小。
③将步骤②中除南瓜以外的配菜加入锅中煮约 20 分钟，再加入南瓜煮 10 ~ 15 分钟，加入 B 再煮一下。

鸡肉酸奶咖喱

材料（4 人份）

带骨鸡腿肉 6 个（约 900g）
A［大洋葱（切末）2 个
大蒜（切末）1 瓣
姜泥 1 小匙］
番茄 2 个
原味酸奶 2 杯
色拉油 4½ 大匙
B［盐 ½ 小匙
咖喱粉 ½ 大匙
柠檬汁 1 大匙］

C［干红辣椒 2 根
月桂叶 1 片
豆蔻（整粒）4 ~ 5 粒
肉桂 ½ 根
辣椒粉 ½ 小匙
咖喱 2 ~ 3 大匙
盐 1 小匙］

做法

①锅中放 4 大匙色拉油开小火加热，放入 A 拌炒。待洋葱变软后盖上锅盖，偶尔开盖搅拌一下，以极弱的小火煮 40 ~ 50 分钟。
②每个鸡腿肉切成 3 ~ 4 等份，均匀抹上 B 再静置 10 ~ 20 分钟。番茄汆烫去皮、去籽，切成 1 厘米见方的丁状。
③平底锅中放 ½ 大匙色拉油，开中火加热，放入鸡肉煎到两面上焦色。
④在步骤①的香料蔬菜锅中加入 C 炒一下，加入 4 杯水转中火，放入鸡肉、番茄、酸奶、盐搅拌。待煮沸后转小火，偶尔搅拌一下，煮约 30 分钟。

鲜虾绿咖喱

材料（4人份）
小虾 300g
洋葱 1 个
青椒 3 个
煮熟的竹笋 2 根（160g）
蒜（切末）1 瓣
姜泥 1 小匙
A［绿咖喱酱 40g
干红辣椒 2 个
椰奶 2 杯］
柠檬草茎 1 枝
B［罗勒叶（切粗末）6 片
鱼露 1 大匙
盐 ½~1 小匙］
色拉油 3 大匙

做法
①小虾剥壳、去肠泥，洋葱、青椒切成适口大小，竹笋切成 4 厘米长的细丝，柠檬草茎斜切成 1 厘米长的段。
②在深锅里倒入色拉油，开小火加热，放入洋葱、大蒜末、姜拌炒。待洋葱变软后，再加入虾、竹笋拌炒，加入A、青椒，迅速拌一下。
③所有食材过油后转中火，加 1 杯水、椰奶搅拌，待煮沸后加入 B、盐，再煮一下。

印度肉酱咖喱

材料（4人份）
猪肉馅 250g
大洋葱（切末）2 个
蒜（切末）1 瓣
姜泥 1 小匙
番茄 2 个
盐少量
青豆仁（冷冻）200g
色拉油 2 大匙
A［干红辣椒 2 个
月桂叶 1 片
咖喱粉 2 大匙
香菜籽 1 小匙
印度什香粉 1 小匙
小茴香籽 ½ 小匙］

做法
①深锅放色拉油开小火加热，放入洋葱末、蒜末、姜泥拌炒，待洋葱变软后盖上锅盖，以极弱的小火焖煮 40 ~ 50 分钟，并不时开盖搅拌一下，以免烧焦。
②番茄汆烫后去皮、去籽，切成 1 厘米见方的丁状。
③待香料蔬菜转成棕色后，加入 A 炒一下，再加入猪肉馅炒到肉变色，加 3 杯水、番茄、盐搅拌。待煮沸后盖上锅盖转中火煮 10 ~ 15 分钟，加入冷冻青豆仁，再煮约 10 分钟。

咖喱炒饭

材料（4人份）
猪牛混合肉馅 200g
胡萝卜 ½ 根
青椒 2 个
洋葱 1 个
A［高汤块 ½ 个
番茄酱 2 大匙
咖喱粉 2 大匙
盐 ½ 小匙
辣酱油 1 大匙］
色拉油 2 小匙

做法
①将胡萝卜、洋葱、去蒂及子的青椒切粗末。
②平底锅加色拉油加热，放入①的蔬菜炒到变软。
③加入肉馅炒到颗粒分明、稍微上焦色。
④加入 A 和 1 杯水，转较弱的中火煮 10 分钟，途中偶尔搅拌一下，煮到水分收干到稍微黏稠。

猪肉咖喱

基本做法

材料（4 人份）
猪肉（切块）350g
盐、胡椒粉各少量
肉豆蔻少量
菠萝（生）300g
洋葱 2 个
香蕉（切碎丁）1 根
西式高汤 5 杯
白酒 ½ 杯
面粉 40g
咖喱粉 4 大匙
姜末 15g
黑糖 1 大匙
黄油 1 大匙
盐 1½ 小匙
胡椒粉少量
色拉油适量

做法
①猪肉抹上适量的盐、胡椒粉、肉豆蔻，静置 10 分钟之后，取 ¼ 的菠萝捣成泥状后加入，放进冰箱冷藏 1 小时以上。
②将剩下的菠萝和洋葱、香蕉各切成泥状。
③平底锅放色拉油加热，放入①中沥干水分的猪肉煎到表面上焦色，移到较深的锅里。
④在同一个平底锅里加入洋葱翻炒均匀，再倒入放有猪肉的锅里。在放着配菜的锅里加白酒，开大火煮沸后加高汤，再煮一下。
⑤平底锅加姜转小火炒到闻到香味后，加入面粉搅拌以避免烧焦，炒到没有面粉的味道，再加入咖喱粉拌炒，取 1 杯④的汤慢慢加入匀开。再把煮好的咖喱酱倒入④的锅里搅拌，加入香蕉、黑糖慢煮 20 分钟，最后再加入菠萝、黄油、盐、胡椒粉调味。

西式牛肉饭

利用市售多明格拉斯酱罐头和番茄罐头
就能轻松完成西式牛肉饭

基本做法

材料（4人份）
牛肉片 150g
洋葱 1 个
色拉油、面粉各适量
盐、胡椒粉各少量
〈西式牛肉饭酱汁〉适量

做法
①牛肉片抹面粉，洋葱切薄片。
②平底锅放色拉油加热，牛肉片下锅炒到变色，加入洋葱炒一下，加入西式牛肉饭酱汁，转小火煮约 3 分钟，再加盐、胡椒粉调味。

多明格拉斯酱罐头

用牛骨和蔬菜长时间炖煮成的多明格拉斯酱，若使用市售罐头，即使在家里也能轻松享受到西餐厅的美味。若再添加黄油、红酒、香料，则更能享受地道美味。如果一罐一次用不完，请放在密封容器里，放冰箱冷冻保存。

〈西式牛肉饭酱汁〉

用整瓶番茄罐头做的酱汁

材料
水煮番茄（罐装）400g
红酒 5 大匙
高汤块 2 个
番茄酱 3 大匙
辣酱油 4 大匙
做法
将材料放进锅里充分搅拌后煮到沸腾，使用方法请参照基本做法。

用烤肉酱做的简易酱汁

材料
烤肉酱 5 大匙
水煮番茄 400g
做法
将材料放进锅里充分搅拌后煮到沸腾，使用方法请参照基本做法。

用多明格拉斯酱罐头做的传统酱汁

材料
多明格拉斯酱罐头 1 瓶
番茄酱 ½ 杯
红酒 ¼ 杯
水 ½ 杯
黄油 1½ 大匙
做法
将材料放进锅里充分搅拌后煮到沸腾，使用方法请参照基本做法。

用多明格拉斯酱罐头做的和风酱汁

材料
多明格拉斯罐头 1 瓶
水 2½ 杯
番茄酱 ½ 杯
酒、酱油、辣酱油各 3 大匙
做法
将材料放进锅里充分搅拌后煮到沸腾，使用方法请参照基本做法。

蛋包饭

花一点心思在酱汁制作上，
即使是家常菜也能美味升级

基本做法

材料（2人份）
小鸡胸肉 ½ 片　番茄酱 3 大匙
洋葱 ¼ 个　鸡蛋 3 个
青椒 1 个　盐少量
黄油 1 大匙　〈蛋包饭酱汁〉适量
热饭 360g　色拉油适量
盐、胡椒粉各适量

做法

①鸡肉切成 1 厘米见方的丁状，洋葱切成 0.7 ~ 0.8 厘米见方的丁状，青椒去蒂、去子后，切成 0.5 厘米见方的丁状。

②平底锅放黄油加热至化开，放鸡肉拌炒，待颜色变淡后加入洋葱、青椒拌炒。加入热饭一面拌开一面炒，撒盐、胡椒粉，轻轻拌一下。加入番茄酱，整个拌匀后起锅。鸡蛋去壳、加少量盐打散。

③平底锅加色拉油加热，放入一半的蛋液煎到半熟状态熄火，放入一半的鸡肉炒饭、整形、盛盘，淋上蛋包饭酱汁。剩下材料也用相同的方式完成。

〈蛋包饭酱汁〉

山葵酱

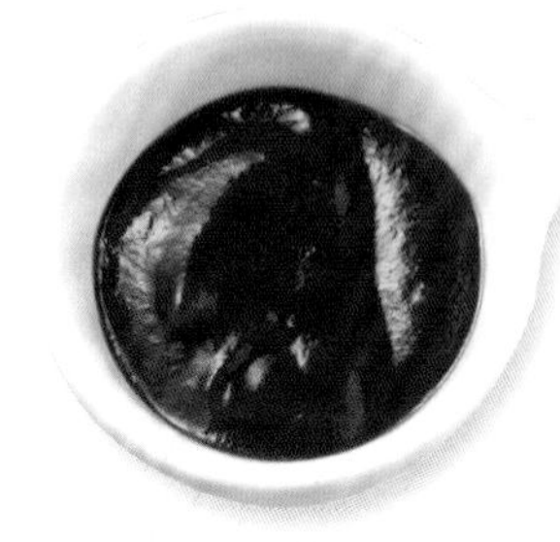

材料
番茄酱 2 大匙
辣酱油 ½ 大匙
山葵酱 ½ 小匙
做法
所有材料拌匀。

双份番茄酱

材料
番茄 1 个
A［番茄酱 2 大匙　中浓酱 1 小匙］
做法
番茄去蒂、切成 1 厘米见方的丁状，加入 A 拌匀。

牛肉酱

材料
红酒 ½ 杯
A［高汤块 ¼ 个　水 ½ 杯］
多明格拉斯酱罐头 3 大匙
盐、胡椒粉各少量
做法
切成一口大小的牛肉薄片 100g 和洋葱末 100g，用 1 大匙色拉油拌炒，加入红酒煮到沸腾，再加入 A、多明格拉斯酱罐头煮 5 ~ 6 分钟，最后撒盐、胡椒粉调味。

梅子肉干味噌酱

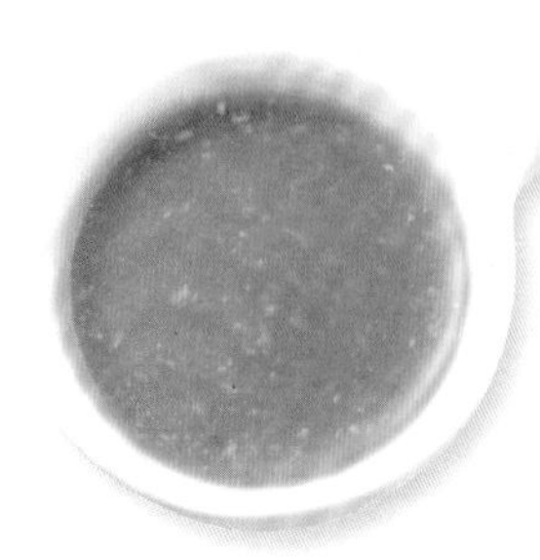

材料
梅子肉干 1 个　醋 4 小匙
味噌 2 小匙　砂糖 2 小匙
做法
所有材料拌匀。

明太子奶油酱

材料
明太子 ½ 块
牛奶、蛋黄酱各 1 大匙
砂糖 ½ 小匙
做法
明太子去膜，将所有材料拌匀。

丼饭

做法极简单，又很美味，
渗入饭里的酱汁也超好吃

亲子丼的做法

材料（2 人份）
鸡腿肉 1 片
洋葱 ½ 个
鸡蛋 3 个
〈煮汁〉适量
米饭盖饭碗 2 碗

做法

①鸡腿肉切成一口大小，洋葱切成半圆形，鸡蛋打散。
②平底锅加入煮汁、配菜，开火加热。待沸腾后一边搅拌鸡腿肉一边煮，使完全入味。
③转中火均匀淋上蛋液，一面摇晃平底锅一面加热，煮到表面呈半熟状态时熄火，盖上锅盖闷 10 ~ 20 秒。起锅，盖在饭上面。

〈煮汁〉

亲子丼

材料

煮汁［酒、砂糖各 1 大匙
味醂 2 大匙　酱油 3 大匙
高汤 ½ 杯］

做法

材料拌匀，在步骤②加入。

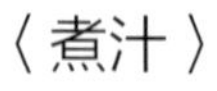

〈煮汁〉

牛丼

材料

煮汁［酒 1 大匙
砂糖　酱油各 3 大匙
高汤 1 杯］

做法

在步骤②中，将材料加入锅里煮沸。

牛丼的做法

材料（2 人份）
米饭 2 碗
牛肉 100g
洋葱 ¼ 个
煮汁适量

做法

①牛肉切成一口大小，洋葱切成薄片。
②锅里放煮汁煮到沸腾，加入洋葱转中火煮，待稍微变软后加入牛肉拌一下，把牛肉煮熟。最后转大火煮一下使其入味。连汤汁淋在饭上，依个人喜好在上面放一颗生蛋黄。

韩式牛丼

材料

酒 1½ 小匙
砂糖、酱油各 1 大匙
中式高汤粉 ½ 小匙
热开水 3/5 杯
香油 2 小匙

做法

用斜切的葱段取代洋葱，拌匀煮汁，参照基本做法。

腌渍丼的做法

材料（2人份）
生鱼片用鲔鱼150g
〈腌酱〉适量
米饭2碗
青紫苏6片
细葱末适量

做法
①生鱼片用鲔鱼切薄片，浸在腌酱里腌1小时以上。
②盖饭碗盛饭，依序摆上青紫苏、鲔鱼、细葱。

〈腌酱〉

鲔鱼丼

材料
酒1½大匙
味醂2小匙
酱油1大匙
做法
所有材料拌匀，腌渍鲔鱼。

西式鲔鱼丼

材料
砂糖½大匙
酱油½大匙
盐½小匙
色拉油½杯
醋½大匙
姜泥½小匙
洋葱泥1大匙
做法
所有材料拌匀，腌渍鲔鱼。

炸猪排丼的做法

材料（2人份）
猪里脊肉2片
盐、胡椒粉各少量
圆白菜3片
面粉、蛋液、面包粉各适量
炸油适量
米饭2碗
黄芥末酱适量
〈炸猪排丼的酱汁〉适量

做法
①猪里脊肉切开筋膜，用盐、胡椒粉腌渍，圆白菜切细丝。
②猪里脊肉依序蘸裹面粉、蛋液、面包粉，静置约5分钟，让面衣固定。
③炸油加热到170℃，放入步骤②的肉炸到色泽均匀，起锅后趁热切成适口大小。
④将米饭盛入碗中，上面铺满圆白菜、摆上炸猪排，淋上炸猪排丼的酱汁，附上黄芥末酱。

〈炸猪排丼的酱汁〉

炸猪排丼

材料
猪排酱、辣酱油各2大匙
做法
材料放进锅里煮到沸腾，在步骤④淋在炸猪排上。

深川丼的做法

材料（2人份）
米饭2碗
蛤蜊150g
盐少量
姜（切薄片）1小块
〈混搭调味料〉适量

做法
①蛤蜊撒盐、吐净泥沙后冲洗干净。
②锅中放混搭调味料煮到沸腾，放入蛤蜊、姜片，一面用筷子搅拌一面煮。
③蛤蜊开口、蛤蜊肉吸满汤汁时，马上关火。
④盖饭碗盛饭，将③连汤汁淋在上面。

〈混搭调味料〉

深川丼

材料
酒2大匙
酱油1½大匙
砂糖1大匙
做法
在步骤②放入锅里煮沸。

生鸡蛋饭

加入生鸡蛋可给美味加分，
小小巧思可让美味大升级

基本做法

材料与做法（1 人份）

将热米饭盛在饭碗里，放一个生鸡蛋、淋上酱汁，整个搅拌均匀。

善用美味调味料

如果有新鲜又无菌的蛋，和刚煮好、晶莹剔透的米饭，只需要少许的酱油调味，就是一道非常美味的生鸡蛋饭。只要撒一点美味调味料，就能吃出浓浓的美味。美味调味料的主要成分谷氨酸钠，和蛋、肉、鱼里含有的肌苷酸搭配，有很棒的加分效果，吃起来更加美味。调味料主要由砂糖、玉米以及米等发酵制成。

〈酱汁〉

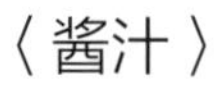

砂糖酱油

材料

砂糖适量　酱油适量

做法

材料混合均匀。

昆布酱油

材料

味醂 3 大匙

酱油 1 杯

昆布（10 厘米见方）1 片

做法

味醂倒入耐热容器里，直接送进微波炉（500W）加热约 2 分钟。趁热加入酱油和昆布浸泡 2 ~ 3 小时，取出昆布。

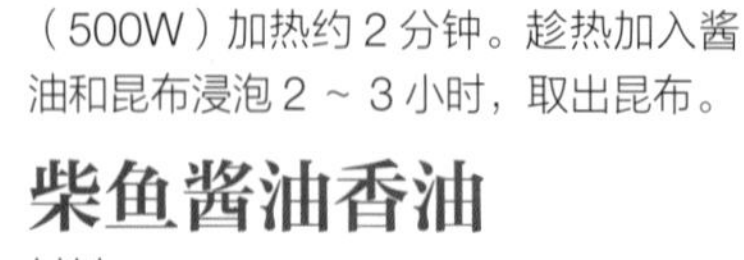

柴鱼酱油香油

材料

酱油适量　柴鱼片 1 小袋

细葱末适量　香油少量

做法

材料混合均匀。

葱花味噌七味

材料

酱油适量　味噌适量

七味唐辛子适量　细葱末适量

做法

材料混合均匀。

姜汁紫苏酱油

材料

酱油适量　姜泥适量

姜（切丝）1 片

蘘荷（切细丝）2 个

青紫苏（切细丝）5 片

做法

材料混合均匀。

蚝油酱汁

材料

鸡蛋 1 个　蚝油、酱油各适量

做法

材料混合均匀。

西班牙炖饭

基本做法

材料（4 人份）
蛤蜊 200g
虾 8 个
洋葱 ½ 个
彩椒 1 个
番茄 1 个
大蒜 1 瓣
〈混搭调味料〉适量
橄榄油 2 大匙
米 2 杯

做法
①蛤蜊吐沙、在水中搓洗壳，虾挑掉肠泥，洋葱，大蒜切碎末，彩椒去蒂及子、切成 1 厘米见方的丁状，番茄切块状。
②平底锅放 1 大匙橄榄油加热，蛤蜊蒸到开口后起锅放进滤筛，分开蛤蜊和煮汁。煮汁加热开水稀释到 3 杯，加入混搭调味料搅拌。
③擦拭平底锅，倒入剩下的橄榄油加热，放入洋葱、大蒜拌炒，待洋葱变软后，加入彩椒拌炒。加米一起炒，炒到米呈透明状时，加入番茄、步骤②的煮汁，转大火煮。待煮沸后，转较弱的中火煮约 15 分钟。
④加入蛤蜊、虾，再度加盖转小火煮 5 ~ 6 分钟，掀锅盖转大火煮 1 ~ 2 分钟，把汤汁收干。

〈混搭调味料〉

基础款西班牙炖饭

材料
白酒 ⅓ 杯　月桂叶 ½ 片
番红花 ¼ 小匙　水 1½ 杯
盐 ½ 小匙
做法
用白酒、月桂叶蒸蛤蜊，在步骤②加入剩下的材料。

蒜味西班牙炖饭

材料
大蒜 2 瓣　橄榄油 ½ 大匙
盐 1 小匙　酱油 1 小匙
水 1⅘ 杯　粗粒黑胡椒粉少量
做法
大蒜炒到上焦色，加入其他的配菜，在步骤③加入剩下的材料。

和风西班牙炖饭

材料
酱油 2 大匙　姜 1 瓣
香油 1 大匙　盐 1 小匙
水 1⅘ 杯
做法
材料混合均匀，在步骤②加入平底锅拌炒。

杂烩饭

基本做法

材料（2 人份）
大米 1 杯
虾 6 个
洋葱 ¼ 个
蟹味菇 ½ 包
青椒 ½ 个
黄油 1 大匙
〈混搭调味料〉适量
盐、胡椒粉各适量

做法
①大米淘洗干净、沥干水分，放进电饭锅内，加入适量的水，按一般的程序煮饭。
②虾去肠泥、剥壳，用盐、胡椒粉腌渍。洋葱、青椒去蒂及子，切成 1 厘米见方的丁状，蟹味菇切掉根部、剥开。
③平底锅加热黄油，放入洋葱炒到变软，加入剩下的材料拌炒一下。加入煮好的米饭、混搭调味料拌炒，待全部拌匀后起锅盛盘。

〈混搭调味料〉

咖喱杂烩饭

材料
咖喱粉、酒各 ½ 大匙
盐 1 小匙
色拉油适量
做法
所有材料拌匀，在步骤③加入拌炒。

墨西哥杂烩饭

材料
盐 ½ 小匙
辣椒粉 ½ 小匙
辣酱油 1 大匙
粗粒黑胡椒粉适量
做法
所有材料拌匀，在步骤③加入拌炒。

墨西哥饭

基本做法

材料（4 人份）

洋葱（切末）½ 个　番茄 2 个

大蒜 2 瓣　生菜 ½ 个

牛肉馅 300g　起司适量

A［西式高汤 ⅓ 杯　饭 2 碗

盐、胡椒粉各少量］

〈墨西哥拌饭淋酱〉适量

洋葱（切薄片）⅛ 个　五香辣椒粉适量

做法

炒锅放油爆香蒜、拌入洋葱末拌炒，加入牛肉馅炒至呈粒状。加入 A 炒到汤汁收干，加入五香辣椒粉快速拌匀。洋葱薄片浸水后沥干、番茄汆烫去皮后切成 1 厘米见方的丁状，与洋葱拌匀。在容器里盛入米饭，加入上述食材、生菜、起司，淋上墨西哥饭淋酱。

〈墨西哥拌饭淋酱〉

莎莎酱

材料

小番茄（切成 4 等份）8 个

香菜（切大段）1 根

番茄酱、柠檬汁各 1 大匙

做法

充分混合材料。

墨西哥玉米卷酱

材料

橄榄油 2 小匙　番茄泥 1 杯　白酒 2 大匙

盐 1 小匙　辣椒粉 1 大匙　洋葱末 4 大匙

蒜末 2 小匙

做法

将洋葱末、蒜末放进耐热碗里，均匀淋上橄榄油，放进微波炉（500W）加热 1 分钟。加入剩下的材料拌匀，再放进微波炉加热 2 分钟。

和风莎莎酱

材料

洋葱末 1 个

番茄 4 个　番茄酱 4 大匙

面味露 2 大匙　橄榄油 2 大匙

做法

将洋葱放进耐热碗里，放进微波炉（500W）加热 2 分钟。番茄切成 1 厘米见方的丁状，加入所有的材料拌匀。

韩式拌饭

基本做法

材料（2 人份）

菠菜 ½ 把　〈腌料〉适量

胡萝卜 40g　〈调味酱〉适量

豆芽 100g　米饭 2 碗

牛肉馅 100g

做法

①菠菜根部切“十”字、胡萝卜切成 3 厘米长细丝、豆芽去除须根。

②牛肉与腌料充分混合，用平底锅（无油）炒熟。

③胡萝卜、豆芽、菠菜分别汆烫、沥干水分，菠菜切成 3 厘米长，蔬菜以调味酱调味。

④在容器里盛饭，在饭上面铺上步骤②、步骤③的食材。

〈腌料〉

基础款牛肉腌料

材料

酒 2 大匙　味醂 2 大匙

酱油 2 大匙

做法

材料混合均匀，在基本做法步骤②中与牛肉充分混合。

牛肉的芝麻风味腌料

材料

酱油 2 大匙　糖和香油各 1½ 大匙　蒜末和辣椒粉各 1 大匙　葱末和白芝麻各 1 大匙

做法

材料混合均匀，在基本做法步骤②中与牛肉充分混合。

〈调味酱〉

韩式拌菜调味酱

材料

香油 1 小匙　葱末 1 大匙

蒜末少量　酱油 1 小匙

盐 1½ 小匙　白芝麻 1 大匙

做法

材料混合均匀，在基本做法步骤③中与配菜充分混合。

面包

三明治

手工酱汁搭配香味黄油，享受更高级的味蕾感动

基本做法

材料（容易制作的分量）

吐司面包 8 片

喜好的配菜适量

〈酱汁〉适量

香味黄油适量

做法

①鸡蛋或鲔鱼等喜好的配菜，和酱汁拌匀。

②在吐司面包上抹黄油或香味黄油，把步骤①的食材夹进面包里。

万能的美味调味料“鳀鱼”

将盐渍鳀鱼经过几个月的熟成发酵，再用橄榄油浸渍而成的调味料。一般为整条的片状，也有制成方便使用的糊状、中间夹着酸豆的条状。可同时带给料理卤味和浓郁的美味，因此广泛用于意式料理的制作中。

〈酱汁〉

蛋黄酱

适用于：炸三明治等

材料

颗粒芥末酱、蛋黄酱各适量

洋葱末 1 大匙

酸豆末 ½ 大匙

欧芹末 1 大匙

做法

所有材料拌匀。

鲜奶酪柠檬酱

适用于：肉类三明治等

材料

蛋黄酱约 ½ 杯

柠檬（中等大小）½ 个

鲜奶酪 1 大匙

做法

柠檬表面清洗干净后对切，只取用表皮的黄色部分擦成屑状，挤出果汁。所有材料拌匀。

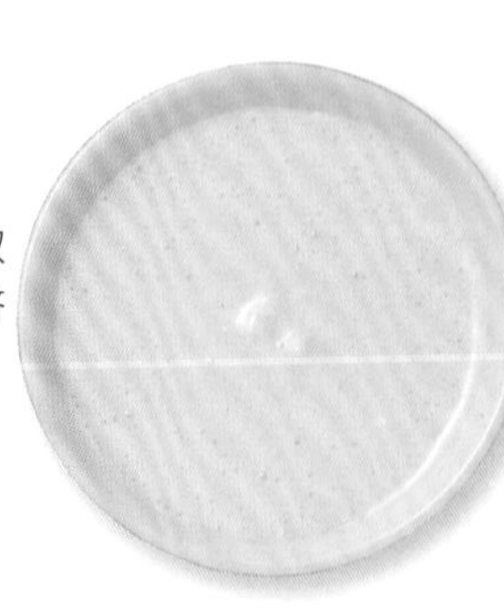

起司酱

适用于：肉类和鱼类的三明治等

材料

起司 ½ 杯

醋 1 大匙

蛋黄酱 2 大匙

盐、胡椒粉各少量

做法

所有材料拌匀。

鳀鱼酱

适用于：蔬菜三明治等

材料

蒜（切末）½ 瓣

鳀鱼 2 片　橄榄油 ½ 大匙

鲜奶油 ¼ 杯

玉米淀粉　水各 ½ 小匙

盐、胡椒粉各少量

做法

鳀鱼拍碎，锅中倒入橄榄油加热、加入蒜末一起炒香，再加入剩下的材料拌匀即可。

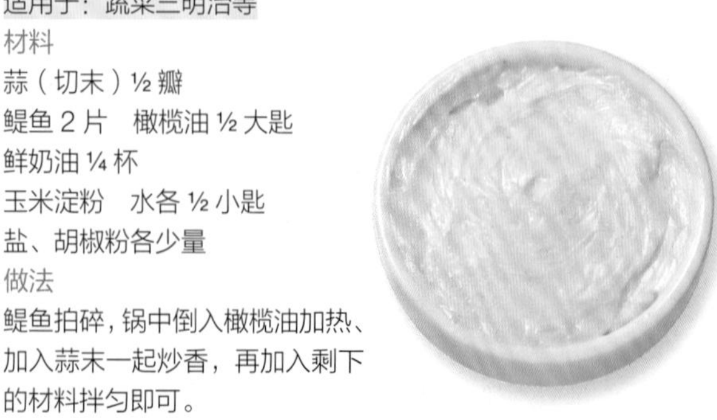

芥末黄油酱

适用于：肉类三明治等

材料

黄油 4 大匙

法式芥末酱 ½ 小匙

做法

将材料混合均匀，搅拌到呈乳霜状。

〈 香味黄油 〉

柠檬黄油酱

适用于：鱼类三明治等

材料

黄油 4 大匙

柠檬汁 ½ 小匙

做法

将材料混合均匀，搅拌到呈乳霜状。

欧芹酱

适用于：鸡蛋和火腿三明治等

材料

黄油 4 大匙

欧芹末 2 小匙

做法

材料混合，搅拌到呈乳霜状即可。

汉堡

较常食用的一种快餐，也能变化出多种风味

〈酱料〉

BBQ 酱

材料

水 ¼ 杯

番茄酱、粗粒黑胡椒粉、辣酱油、黄芥末酱各 1 大匙　蜂蜜 2 大匙

红辣椒、蒜粉、牛至叶各少量

做法

所有材料拌匀，煮沸。

牛油果酱

材料

墨西哥辣椒酱 ½ 小匙

特级初榨橄榄油 1 大匙

盐、胡椒粉各适量

牛油果碎丁 ½ 个

柠檬汁 ½ 大匙

洋葱末、番茄碎末各 1 大匙

做法

所有材料充分拌匀，在步骤⑤中抹在汉堡肉上。

酸黄瓜蛋黄酱

材料

腌酸黄瓜碎末 ½ 大匙

洋葱末 ½ 小匙

蛋黄酱 1 大匙　胡椒粉少量

做法

所有材料拌匀（如果没有酸黄瓜，也可以用藠头取代），在步骤⑤中抹在汉堡肉上。

照烧酱

材料

酒、味醂、酱油各 1 大匙

蜂蜜 1 大匙

盐、胡椒粉各少量

做法

所有材料放进锅里，开小火煮到沸腾，在步骤⑤中抹在汉堡肉上。

千岛酱

材料

蛋黄酱、番茄酱、洋葱末各 1 大匙

醋、砂糖各 1 小匙

盐、胡椒粉各少量

做法

所有材料放进锅里，在步骤⑤中抹在汉堡肉上。

基本做法

材料（2 人份）

汉堡用面包 2 个　牛肉馅 150g

洋葱（切末）¼ 个　鸡蛋 1 个

面包粉 3 大匙　盐、胡椒粉各适量

牛奶 1 大匙　〈酱料〉适量

做法

①洋葱末放进耐热碗里、覆上保鲜膜，送进微波炉（500W）加热 2 分 30 秒。

②深碗里放面包粉、牛奶搅拌，浸泡 2 ~ 3 分钟。

③将牛肉馅、步骤①的食材、步骤②的食材、蛋液、盐、胡椒粉充分搅拌。

④将步骤③的混合物分成 2 等份，整形成和面包大小相符、中央压凹，放进平底锅煎。

⑤在④的上面涂抹酱料。

⑥面包内侧抹上黄油，铺好莴苣、起司、番茄、酸黄瓜，同时把⑤夹进去。

芥末酱

一般而言，用在汉堡上的芥末酱泛指黄色的芥末酱，用姜黄着色的鲜黄色是其特征。有着比山葵酱偏淡的辣味和清爽的酸味，即使大量使用也很好吃。若和鸡肉或火腿搭配，建议选用蜂蜜芥末酱。颗粒芥末酱的味道更稳定，口感呈颗粒状，又能体验到芥末酱原有的芳香。

除了可以给香肠和汤提味，也可以当嫩煎肉排的酱料使用。

比萨

大人、小孩都很爱吃，
聚餐时的基本款务必动手试试看

基本做法

材料（2 人份）

低筋面粉 200g　牛奶 ¾ 杯
干酵母粉 6g　橄榄油 1 小匙
砂糖 1 小匙　〈酱料〉适量

做法

①将低筋面粉放入大碗里，在正中央放干酵母粉、砂糖、加入 24℃的牛奶。静置 1 分钟之后，搅拌牛奶、酵母粉和砂糖，再静置 1 分钟。
②加入剩下的牛奶，快速整体混合，等揉成面团后，加入橄榄油，揉到混合均匀，整形成圆形再放进大碗里，表面抹上橄榄油（分量外），罩上保鲜膜，在室温下发酵约 1 小时。
③用食指插入面团中心，若面团不粘手指、洞没有复原，表示发酵完成。
④用手轻轻按发酵后的面团 4 ~ 5 次，挤出面团里的空气。再把面团分成 4 等份后揉圆，排列好、盖上保鲜膜，在室温下进行二次发酵约 30 分钟。
⑤用手掌将二次发酵完成的面团压扁、摊开，再用擀面杖轻轻推开。将整个面团擀成 0.1 ~ 0.2 厘米厚，抹上喜欢的酱料，铺上食材再送进烤箱加热。

〈酱料〉

比萨酱

材料

橄榄油 2 大匙
蒜（切末）¼ 大匙
洋葱末 ⅓ 杯
水煮番茄 400g
牛至叶、盐、胡椒粉各适量

做法

锅里放橄榄油炒蒜末，等闻到香味后，放入洋葱拌炒到变软，加入剩下的材料，煮 10 分钟左右到酱汁微收干。

热那亚酱

材料

罗勒 50g　松子 20g　大蒜 1 瓣
橄榄油 ½ 杯　盐 ½ ~ 1 小匙
起司粉 2 大匙

做法

所有材料放进搅拌机搅拌，打成糊状。

明太子奶油酱

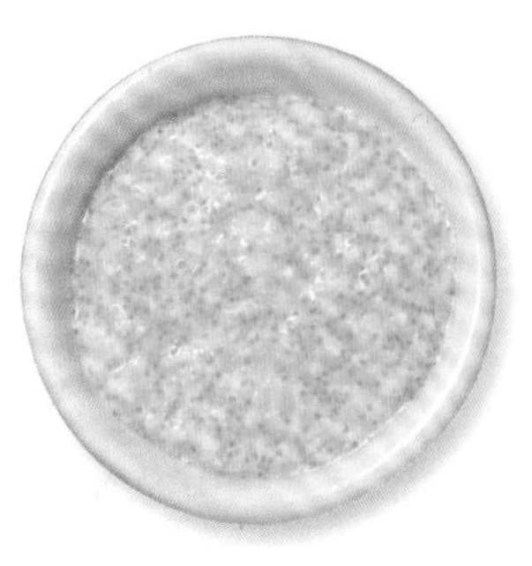

材料

奶油起司 50g
明太子 1 块　鲜奶油 2 大匙

做法

将所有材料拌匀。

鳀鱼蒜味酱

材料

番茄糊 9g　鳀鱼酱 3g
酸豆末 2g
蒜泥少量
牛至叶 ¼ 小匙
橄榄油 ½ 大匙

做法

将所有材料拌匀。

古冈左拉起司酱

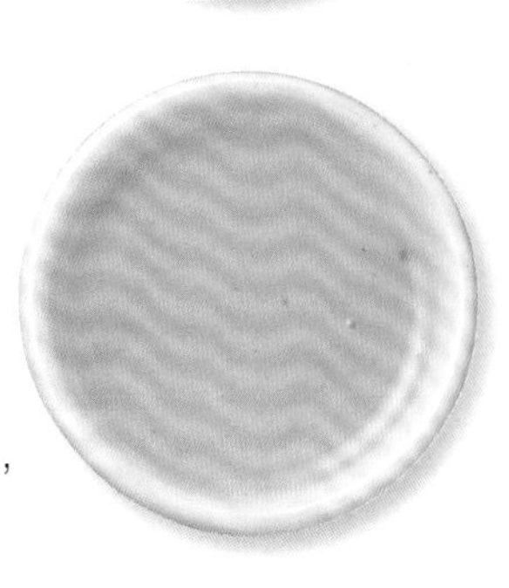

材料

古冈左拉起司 10g
鲜奶油 1½ 大匙
蜂蜜 2 小匙　盐、胡椒粉各适量

做法

材料放进锅里加热，快要沸腾前熄火，加入盐、胡椒粉调味。

烤面包

早餐的基本款加一点巧思，美味加分，整天精神饱满！

基本做法

材料（2 人份）

喜欢的面包适量

〈酱料〉适量

做法

喜欢的面包烤过后，涂抹酱料。

〈酱料〉

大蒜酱

材料

黄油 2 大匙

欧芹末 2 小匙

橄榄油 2 小匙

蒜泥、盐、胡椒粉各少量

做法

黄油室温条件下化开，加入欧芹末、橄榄油、蒜泥、盐、胡椒粉拌匀。

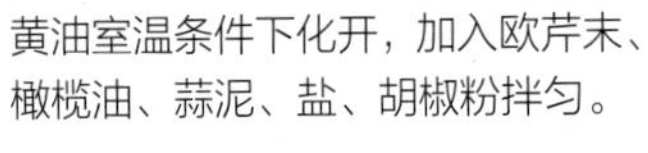

小仓酱

材料

粒状红豆馅 100g

鲜黄油 ½ 杯

砂糖 1 大匙

奶油 2 大匙

樱桃（罐装）2 个

做法

鲜黄油倒进碗里，加入砂糖搅拌至八分发泡。烤得微焦的面包抹上奶油，上面涂抹粒状红豆馅、鲜奶油，最后用樱桃装饰。

草莓酱

材料

草莓 100g

砂糖 2 大匙

柠檬汁 1 小匙

做法

草莓洗净、去蒂，将所有材料放进耐热容器里，送进微波炉（500W）加热 30 秒（煮沸到出水的状态），取出搅拌均匀，再次放回微波炉加热约 30 秒，自然冷却后即可。

鲔鱼酱

材料

鲔鱼罐头 ½ 瓶（40g）

大蒜 ½ 瓣

鳀鱼 1 片　熟蛋黄 1 个

橄榄油 ⅓ 杯

蛋黄酱 2 小匙

柠檬汁 ½ 大匙

法式芥末酱 ½ 小匙

盐、白胡椒粉各少量

做法

鲔鱼滤掉水分，大蒜切薄片，将材料放进食物调理机搅拌均匀到呈柔滑状，视味道浓淡加盐、胡椒粉调味。

和风奶油起司酱

材料

柴鱼片 5g

奶油起司 100g

酱油 ¼ 小匙

炒白芝麻适量

做法

柴鱼片放进耐热容器里，直接送进微波炉（500W）加热约 1 分钟，取出捣碎成柴鱼粉。奶油起司也放进微波炉加热 1 分钟软化（每 30 秒看一下情况），加入炒白芝麻、柴鱼粉和酱油拌匀。

汤品

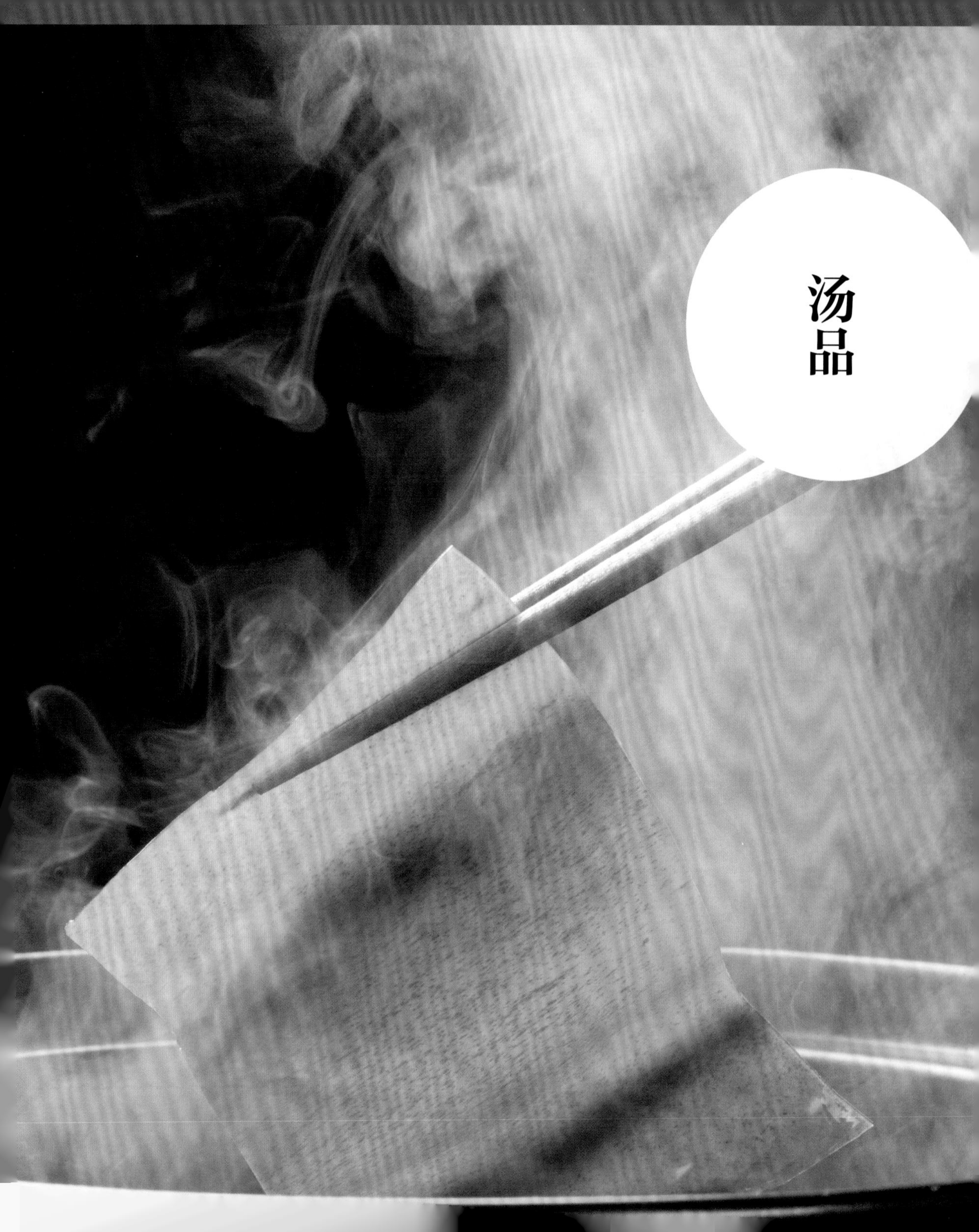

味噌汤

即使是基础款常备菜，也能变化出多种完全不同的美味

基础款味噌汤

适用于：搭配豆腐和海带芽

材料

高汤 2 杯　味噌 2 大匙

做法

锅里放高汤加热，味噌先用水冲开。参照基本做法。

芝麻味噌汤

适用于：搭配叶菜和新鲜菇类

材料

高汤 2 杯　味噌 2 大匙

白芝麻粉 1½ 大匙

做法

锅里放高汤煮沸，加入配菜，味噌用水冲开后加入，盛碗撒上白芝麻粉。

豆浆味噌汤

适用于：搭配根茎类和油豆腐

材料

高汤 1 杯　味噌 2 小匙

豆浆 ½ 杯

做法

锅里放高汤煮沸，加入配菜，味噌用水冲开后加入，最后加豆浆。

西式味噌汤

适用于：搭配培根肉和小番茄

材料

高汤 2½ 杯

西式高汤粉 1 大匙

味噌 1 大匙　橄榄油少量

起司粉适量

做法

锅里放高汤煮沸，加入配菜煮。放鸡高汤粉，待溶解后熄火，味噌用水冲开后加入。盛碗，淋上橄榄油、撒起司粉。

基本做法

材料（2 人份）

嫩豆腐 ¼ 块

油豆腐 ⅓ 片

细葱少量

干海带芽 2g

高汤适量

味噌适量

做法

①嫩豆腐切丁、油豆腐切成 1 厘米见方的丁状，细葱切末，干海带芽用水泡发。

②锅里放高汤加热后，加入步骤 1 的食材煮到沸腾。

③味噌用水冲开后加入，快要沸腾前加入葱花，熄火。

高汤和美味的结构

食物中因为加入了味噌面变得更好吃。例如，大豆、起司、昆布等含有大量的谷氨酸，和小鱼干、柴鱼片、肉类等富含的肌苷酸搭配，会形成更丰富的美味。在做味噌汤时，由于味噌含有大量的谷氨酸，因此烹调诀窍在于和小鱼干、柴鱼片高汤等肌苷酸含量高的高汤相搭配。如果使用小鱼干高汤，则呈现出家常菜的口味；如果使用柴鱼高汤，则会有高档料理的口感。

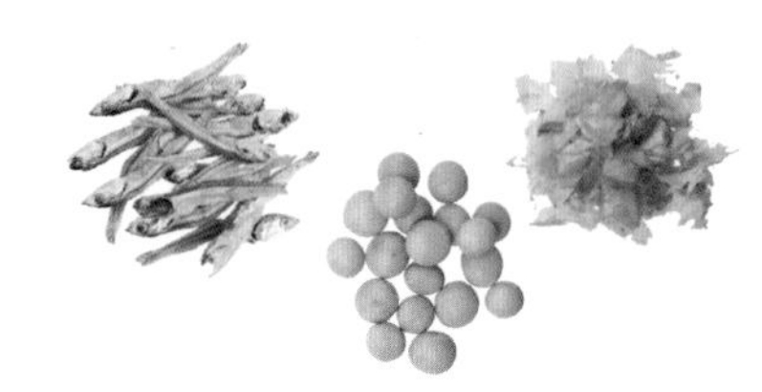

味噌

味噌和酱油都是日本最具代表性的调味料，它不仅具有浓郁的口感，也富含营养，含有8种人类不可或缺的必需氨基酸。

米味噌

原料为大豆、米曲、盐，占日本产量约80%。米曲比例高的是甜味噌，比较低的则称为咸味噌。

麦味噌

原料为大豆、麦曲、盐，大多为农家自用，因此也被称为"田舍味噌"。

赤味噌（豆味噌）

原料为大豆、盐，将蒸熟的大豆直接做成曲，经过长期熟成而制成，浓郁甘甜味和微微的豆酸味是其特征。

日本各地特色味噌

1. 秋田（米味噌）
口感滑顺，却有着浓烈的味道，比传统的秋田味噌稍甜。

2. 仙台（米味噌）
仿造由伊达政宗建造的味噌仓库制造出的味噌，色泽偏红、口感清爽。

3. 江户甘（米味噌）
带有浓浓的甘甜味。和蒸熟大豆的制法相比较，颜色呈浓浓的暗褐色。

4. 越后玄米（米味噌）
只有糙米曲才拥有的丰富浓郁口感以及独特香味，适用于烹调肉类。

5. 加贺曲（米味噌）
具有鲜明的口感是其特征，味道多重、咸，近年来也慢慢增加偏甜的口味。

6. 信州五谷（五谷味噌）
使用大豆、米、荞麦、稗等5种曲，口感均衡的美味是其特征。

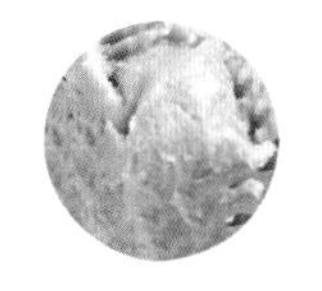

7. 信州吟酿白（米味噌）
去除大豆的外皮、只使用中心部分的味噌，建议用在拌菜等非加热料理上。

8. 高山（米味噌）
减盐、带有甜味的味噌。米曲的甘甜和风味，衬托出其清爽的口感。

9. 八丁赤味噌（混合味噌）
以色泽浓厚和独特的香气为特征的八丁味噌，混合西京味噌制成。

10. 西京味噌
以米曲特有的甜味为特征的味噌，是制作日式美食不可或缺的调味料，用于杂煮料理。

11. 广岛辣味噌（米味噌）
制作时加入辣椒成品而有微辣感的辣味味噌，适用于搭配油炸食品和肉类、鱼贝类。

12. 濑户内麦（麦味噌）
麦曲比例高的味噌，带有滑顺的甜味和小麦特有的香味，适用于制作味噌烧。

猪肉汤

基本做法

材料（2 人份）

猪五花肉片 80g　蒟蒻 ⅙ 片

油豆腐 ½ 片　高汤 2½ 杯

萝卜片（约 1½ 厘米厚）适量　色拉油少量

胡萝卜 ⅙ 根　味噌 2 大匙

牛蒡 ⅙ 根　酱油少量

马铃薯（中等大小）½ 个

做法

①猪五花肉切成 2 厘米宽的段，油豆腐用热开水洗掉油分、切成条状，萝卜片切成条状，胡萝卜切成半月片状，牛蒡斜切薄片后浸水，马铃薯切成一口大小后泡水。蒟蒻先过热水、切成条状备用。

②锅倒入色拉油加热，放入猪五花肉炒到变色，放入高汤、蔬菜、蒟蒻煮到沸腾，撇掉浮沫、煮到牛蒡变软。

③在②加入油豆腐，味噌用水匀开后加入，稍微煮沸后加酱油拌一下。

基础款猪肉汤

适用于：猪五花肉、萝卜、胡萝卜、牛蒡、马铃薯等

材料与做法

参照基本做法。

芝麻黄油猪肉汤

适用于：圆白菜、豆腐等

材料

味噌 2 大匙　黄油 2 小匙

白芝麻粉 1 大匙

做法

在步骤③加入味噌煮一下，盛碗。放入黄油，撒白芝麻粉。

泡菜猪肉汤

适用于：猪五花肉、胡萝卜、牛蒡、蒟蒻、荷兰豆等

材料

味噌 1½ 大匙

韩式辣酱 1½ 大匙

做法

在步骤③加入味噌和韩式辣酱煮一下，不加酱油。视个人喜好撒葱花。

日本清汤

基本做法

材料（2 人份）

蛤蜊 200g

〈汤底〉适量

做法

①蛤蜊吐沙、洗净，放入滤筛中沥干水分。

②锅中放汤底，加入蛤蜊煮沸，待开口后盛碗，撒上葱花（分量外）。

〈汤底〉

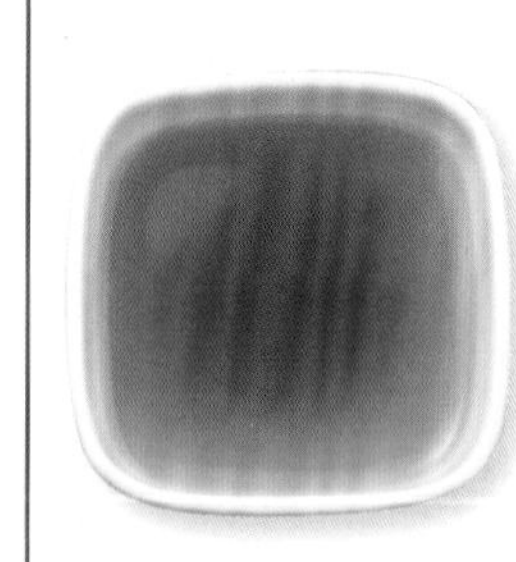

清汤

适用于：鱼板、鸭儿芹等

材料

汤底［高汤 1½ 杯

酒、薄口酱油各 ½ 大匙

盐少量］

做法

在锅里拌匀〈汤底〉、加热，加入配菜。

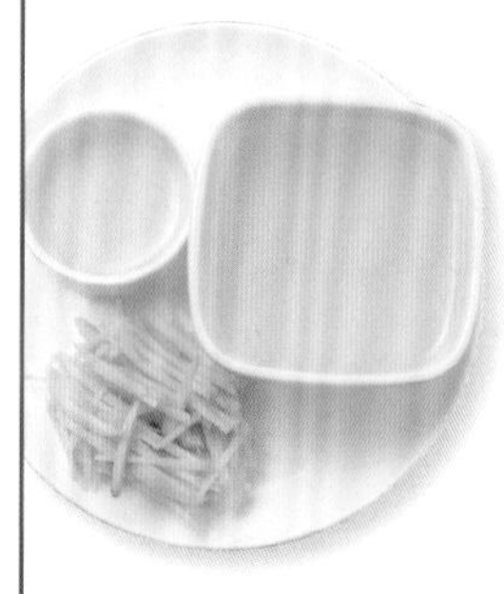

海蕴汤

材料

汤底［高汤（昆布）2 杯

酒 1 大匙　酱油 ½ 小匙］

姜丝适量

海蕴 60g

醋 ½ 大匙

做法

在锅里拌匀汤底、加热，加入海蕴和姜丝后，加醋、少量盐（分量外）调味。

浓汤

基本做法

材料（4人份）

鸡腿肉2片　橄榄油1大匙
盐、胡椒粉各少量　面粉适量
洋葱1个　汤汁适量
胡萝卜1根　〈调味浓汤〉适量　西蓝花适量
马铃薯2个　玉米水淀粉适量

做法

①鸡腿肉切成一口大小，撒盐、胡椒粉调味。
②洋葱切成半圆形的片，胡萝卜切滚刀块，马铃薯切成8等份，西蓝花切成小块。
③平底锅放橄榄油加热，鸡腿肉抹好面粉、下锅煎到两面上焦色，加入汤汁转小火煮约20分钟。
④加入蔬菜煮7～8分钟，加入调味再煮2～3分钟，最后一边加入玉米水淀粉、一边搅拌到变得黏稠，完成。

〈调味浓汤〉

白酱浓汤

材料

汤汁［高汤块2个
水2½杯］
调味料［牛奶1杯
盐、胡椒粉各适量］
水淀粉
［玉米淀粉4大匙
水8大匙］

做法

参照基本做法。

豆浆浓汤

材料

面粉适量　豆浆2杯
调味料［味噌2大匙
酱油1小匙　盐少量］

做法

面粉和基本做法①中的鸡肉一起拌炒到没有面粉味，加入豆浆混合，待煮至变得黏稠时，加入调味料拌煮到质地均匀即可。

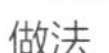

炖牛肉

基本做法

材料（4人份）

牛筋肉500g　色拉油1大匙
胡萝卜1根　黄油1大匙
小洋葱12个　高汤块1个
马铃薯3个　番茄1个
〈腌酱〉适量　大蒜1瓣
多明格拉斯酱罐头1瓶

做法

①胡萝卜切成大的滚刀块、小洋葱去皮，马铃薯4等分、泡水。
②将牛筋肉放在大碗，淋上腌酱腌2小时以上。取出肉、拭去多余水分，腌酱留着备用。平底锅加热黄油，将肉放入锅中煎过再移到较深的锅里。
③在步骤②的平底锅加色拉油，放入步骤①的食材拌炒。
④把腌酱倒入深锅里，加入可盖过肉的水和高汤块，开中火煮，加入③的配菜和切大块的番茄、大蒜拌一下，锅盖开小缝焖煮1小时。等肉变软再加入多明格拉斯酱，锅盖打开，慢慢煮到喜好的浓度。

〈腌酱〉

基础款炖牛肉

材料

腌酱［红酒1杯
月桂叶1片　迷迭香1枝
丁香5颗　高汤块1个］

做法

参照基本做法。

和风炖牛肉

材料

高汤3杯
A［番茄酱1½大匙
赤味噌1½大匙
田舍味噌1大匙
砂糖1½大匙
酱油½小匙］

做法

肉、蔬菜等喜欢的配菜切成适口大小。番茄200g压碎，和高汤、A拌匀后加热，加入肉和蔬菜转小火焖煮。

法式炖汤

汤汁入味，
味道甘甜的蔬菜
放一晚会更美味

基本做法

材料（4 人份）

胡萝卜 2 根

洋葱 1 个

香肠 8 根

马铃薯 4 个

〈汤汁〉适量

巴西利适量

芥末酱适量

做法

①胡萝卜对半纵切，洋葱切成半圆形的片，马铃薯去皮后保留整颗或切半。

②将汤汁的材料放进深锅里，加入胡萝卜、洋葱，开大火煮沸，转小火煮 35 ～ 40 分钟。

③加入马铃薯和香肠，再煮 20 分钟，可根据个人口味调整盐的使用量。盛碗，撒巴西利，附上芥末酱。

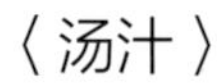

〈汤汁〉

基础款炖汤

适用于：搭配猪肉、蔬菜

材料

汤汁 [月桂叶 1 片　高汤块 1 个
水 5 杯　盐 ½ 大匙]

做法

在步骤②将汤汁的材料放入锅里，加配菜一起煮。参照基本做法。

番茄炖汤

适用于：搭配鸡肉、蔬菜

材料

汤汁① [水 4 杯　高汤粉 1 小匙]

汤汁② [水煮番茄 400g
盐、胡椒粉各少量]

做法

将汤汁①的材料放入锅里，加配菜煮 20 分钟左右，再加入汤汁②和配菜，煮 10 分钟。

和风炖汤

适用于：搭配牛肉、蔬菜

材料

汤汁 [高汤 5 杯　味醂 2 小匙　薄口酱油 1 小匙　盐、胡椒粉各适量]

芥末酱适量

做法

在步骤②将汤汁的材料放入锅里，加配菜一起煮。参照基本做法。盛碗，附上芥末酱。

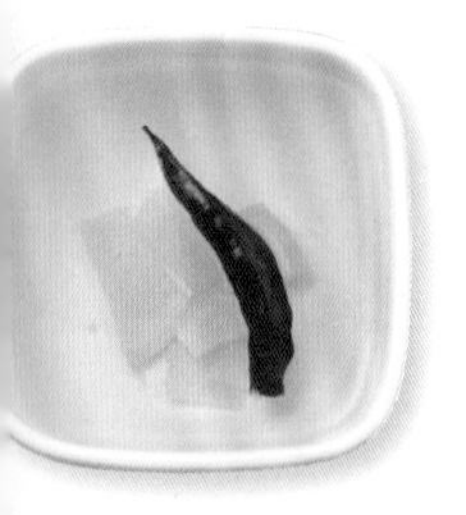

民族风味炖汤

适用于：搭配鸡肉、蔬菜

材料

汤汁 [水 4 杯　酒 ¼ 杯　盐 ½ 小匙　姜 3 片
鱼露 2 大匙　干红辣椒 1 个]

做法

在步骤②将汤汁的材料放入锅里，加配菜一起煮。盐、鱼露可依个人喜好增减。

混合香料束

以数种香草扎成束的香料束，炖煮时可给食材增添风味、并消除鱼贝类的腥味。比较具代表性的常用香草，有月桂叶、百里香、欧芹、芹菜等，使用时基本上都取用干燥香草，欧芹和芹菜则使用新鲜的。香料束并没有固定的组合，视烹调时使用的食材、自己的喜好搭配。也有包在纱布袋、一次一包分量的市售品，使用较方便。长时间放在锅里煮会释出苦涩味，因此请在食用前取出。

意大利番茄冷汤

基本做法

材料（2 人份）

小黄瓜 ½ 根　吐司面包 ½ 片

青椒 ½ 个　大蒜 ½ 瓣

洋葱 ¼ 个　〈混搭调味料〉适量

芹菜 ¼ 根　盐、胡椒粉各少量

番茄 2 个

做法

①食材洗净，番茄汆烫去皮、去子。

②番茄、小黄瓜、青椒、洋葱、芹菜、大蒜，全部大致切块。

③大碗里加入步骤②的食材和吐司面包、混搭调味料拌匀，放进冰箱里冷却约 1 小时。

④把步骤③的食材倒进搅拌机搅碎，途中加水调整浓度，最后加盐、胡椒粉调味。

〈混搭调味料〉

基础款番茄冷汤

材料

橄榄油 1 大匙

酒醋（红或白）½ 大匙

小茴香粉少量

甜椒粉 ½ 大匙

做法

所有材料充分拌匀，参照基本做法。

和风番茄冷汤

材料

香油、醋各 1 大匙

柚香胡椒粉 1 小匙

番茄（小）3 个

洋葱 ½ 个

小黄瓜 ½ 根

红甜椒（大）1 个

做法

将材料混合，在步骤③中加入，放进搅拌机搅拌，参照基本做法。

蛤蜊浓汤

基本做法

材料（4 人份）

蛤蜊 500g　橄榄油适量

白酒 ¼ 杯　面粉 4 大匙

培根肉（块状）30g　〈汤汁〉适量

洋葱 1 个　青豆仁适量

马铃薯 1 个　装饰物适量

做法

①蛤唎吐沙、洗净后放进锅里，加白酒盖上锅盖，开大火煮 2 ~ 3 分钟，待开口后熄火、闷蒸，分开蛤蜊和蒸汁。

②培根肉切成 0.5 厘米宽的条、洋葱切 1 厘米见方的丁状、马铃薯切成 2 厘米见方的丁状，放进锅里、加橄榄油拌炒。待洋葱炒熟，加入面粉继续炒，等面粉和其他食材混合均匀后，分 2 ~ 3 次加入汤汁，一边加汤汁一边搅拌材料。

③加入蛤蜊的蒸汁、青豆仁，一边慢慢地搅拌一边开大火煮到沸，转小火煮到蔬菜变软。

④加入蛤蜊、装饰物，煮到沸腾。

〈汤汁〉

基础款蛤蜊浓汤

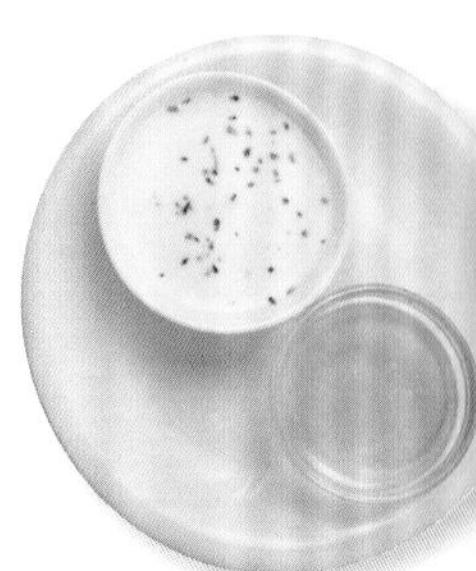

材料

汤汁 [西式高汤 2 杯]

牛奶 2 杯　盐 1 小匙　百里香少量

做法

将所有食材拌匀后熬片刻即可。

曼哈顿蛤蜊浓汤

材料

汤汁 [水煮番茄块 400g

西式高汤 1 杯　月桂叶 1 片]

做法

在步骤②拌炒配菜，待洋葱炒熟后不要加面粉，而是把基本做法步骤①中的蛤蜊蒸汁和汤汁材料放进锅里煮，5 分钟之后加入蛤蜊和月桂叶，再煮 3 分钟。煮好后取出月桂叶，加少量的盐、胡椒粉（分量外）调味。

玉米浓汤

基本做法

材料（2 人份）

洋葱 ¼ 个

黄油 1 大匙　〈汤汁〉适量

玉米 2 个　〈浓汤底〉适量

做法

①洋葱切薄片，黄油放进锅里加热，加入洋葱炒到变软。

②玉米用菜刀把玉米粒刮下，加入步骤①的锅里拌炒，倒入汤汁的材料，待煮沸后转小火煮 20 分钟。

③搅拌均匀后倒回锅里，加入装饰材料煮到沸腾。

〈汤汁〉〈浓汤底〉

基础款玉米浓汤

材料

汤汁［热开水 1½ 杯
高汤块 ¼ 个
盐 ¼ 小匙　胡椒粉少量］

浓汤底［牛奶 ½ 杯
盐、胡椒粉各适量］

做法

将所有食材拌匀后熬煮片刻即可。

番茄玉米浓汤

材料

洋葱 ¾ 个　白酒 ½ 杯

汤汁①［水煮番茄 300g
百里香（干燥）少量
月桂叶 1 片］

汤汁②［高汤块 ½ 个
水 1½ 杯］

做法

将洋葱倒入锅中炒至变软，再加入白酒煮。加入汤汁①、番茄用木勺压碎，一边收干汤汁一边煮，待煮至黏稠时，加入汤汁②。煮沸后转小火。倒入搅拌机搅拌后再倒回锅里加热，最后加少量盐（分量外）调味。

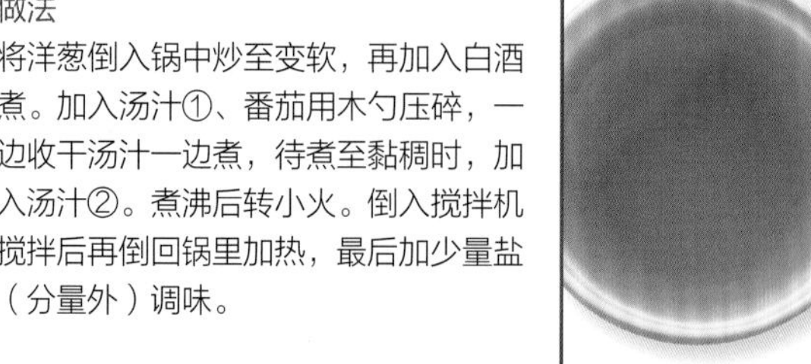

意式蔬菜汤

基本做法

材料（4 人份）

马铃薯 1 个　A［橄榄油 1 大匙　黄油 ½ 大匙］

胡萝卜 1 根

圆白菜 2 片　〈汤汁〉适量

芹菜 ½ 根　月桂叶 1 片

培根肉 1 片　盐 ½ 小匙

洋葱（切薄片）1 个　胡椒粉少量

大蒜薄片 2 ~ 3 片　盐适量

做法

①马铃薯、胡萝卜、圆白菜、芹菜切成 1 厘米见方的丁状，培根肉切细丝。

②A 倒入锅里加热，放入洋葱片、大蒜片、培根肉拌炒，待闻到香味后，加入所有的蔬菜，转小火、盖上锅盖，蒸煮约 15 分钟。待汤汁收到剩一半时，慢慢倒入汤汁煮。待蔬菜变软了，再倒入剩下的汤汁、月桂叶，转中火煮到蔬菜变得更软，加盐、胡椒粉调味。

〈汤汁〉

基础款意式蔬菜汤

材料

汤汁［水煮番茄（罐装）1 瓶（400g）
高汤块 1 个　水 3 杯］

做法

高汤块先用水溶解，使用方式请参照基本做法。

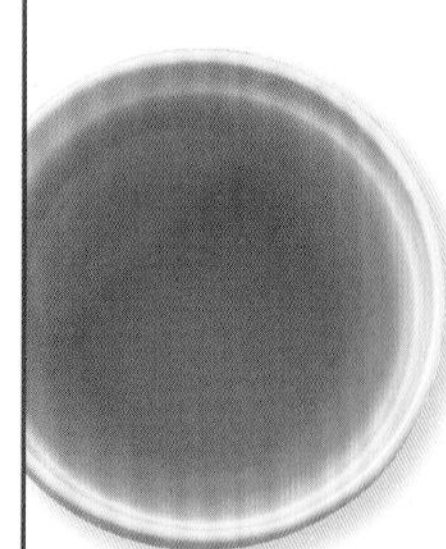

和风蔬菜汤

材料

汤汁［和风高汤 3 杯
酱油 ½ 大匙　酒 1 大匙
盐、胡椒粉各少量］

做法

在步骤②加入汤汁，煮到蔬菜变软。

马赛鱼汤

基本做法

材料（2 ~ 3 人份）

带肉鱼骨头 800g　〈混搭调味料〉①适量

葱、洋葱、芹菜各 50g　〈混搭调味料〉②适量

番茄 2 个　水煮番茄（罐装）1 瓶（400g）

虾壳 8 ~ 10 个　番红花、胡椒粉、巴西利各少量

橄榄油 2 小匙　盐 ½ 小匙

水 3 杯

做法

①带肉鱼骨头分成肉多的部分（配菜）和肉少的部分（高汤用）。高汤用的部分用水冲洗、清掉血污。配菜用的部分撒盐、汆烫后，放进冷水中去鳞片、沥干水分。

②葱、洋葱、芹菜、番茄切成半厘米宽的薄片。

③锅里放橄榄油开中火加热，放入虾壳炒到变成红色，依序加入步骤②的葱、洋葱、芹菜、带肉鱼骨头（高汤用）拌炒。加入混搭调味料①炒，等酒精挥发后，再加入水和混搭调味料②煮沸，捞掉浮沫、转小火煮 15 分钟。用铺着纱布（或是厨房纸巾）的筛子过滤。

④倒回锅中再度开中火煮到沸腾，加入步骤①的鱼骨头（配菜）、水煮番茄，用中火煮到沸腾，加入步骤②的番茄薄片搅拌，加入番红花、盐、胡椒调味，撒上巴西利。

〈混搭调味料〉

基础款马赛鱼汤

材料

混搭调味料①［白酒 ½ 杯
大蒜 1 瓣］

混搭调味料②［胡椒粒 2 粒
混合香料束（P88）1 束］

做法

参照基本做法。

简易款马赛鱼汤

材料

混搭调味料②［白酒 ½ 杯
月桂叶 1 片　大蒜 2 瓣
欧芹的茎 2 ~ 3 枝
百里香（新鲜）少量］

番茄糊 1 大匙

做法

大蒜拍碎，将混搭调味料在步骤③加入烹煮。
在步骤⑤加入番茄糊，取代水煮番茄。

中式汤品

基本做法

材料（2 人份）

〈混搭调味料〉适量

喜欢的配菜（猪肉和蔬菜等）

马铃薯水淀粉适量

鸡蛋 1 个

做法

①将混搭调味料放进锅里煮沸，再加入猪肉、蔬菜等喜欢的配菜。

②待配菜煮熟后，加入适量马铃薯水淀粉勾芡，鸡蛋打散加入。

〈混搭调味料〉

中式玉米汤

材料

混搭调味料
［酒 2 小匙
鸡汤粉 ½ 小匙
盐 ½ 小匙
胡椒粉少量］

玉米酱罐头小 1 瓶（130g）

做法

将混搭调味料倒入锅里煮开，加入玉米酱，参照基本做法。

酸辣汤风味

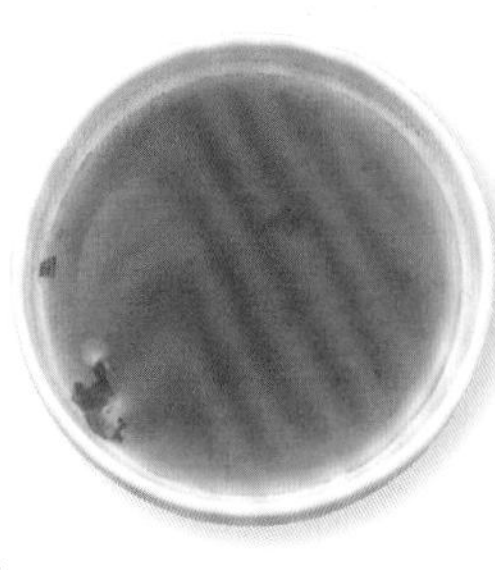

材料

混搭调味料
［醋 1 大匙
鸡汤 2 杯
豆瓣酱 2 小匙］

做法

将混搭调味料倒入锅里煮开，加入喜欢的配菜煮，参照基本做法。

泰式鲜虾酸辣汤

利用市售的调味酱包，轻松就能完成。
加入香草就成了地道美味

〈汤汁〉〈装饰汁〉

简易鲜虾酸辣汤

材料

汤汁［鸡汤粉 1 小匙
水 3 杯　泰式酸辣汤调味酱 2 大匙
泰国青柠叶 2 ~ 3 片　香菜 1 根］

装饰汁［砂糖 1 小匙
柠檬汁 1 小匙
鱼露 ½ 小匙］

做法

参照基本做法，在步骤②中加入汤汁，在步骤④中加入〈装饰汁〉。

鲜虾酸辣汤（越式清汤）

材料

汤汁［泰式酸辣汤调味酱 2 大匙
水 3 杯　薄姜片 2 片
柠檬草 ⅓ 根　绿辣椒 2 根］

装饰汁［鱼露 1 大匙
柠檬汁 1 大匙
鸡汤 ½ 小匙］

做法

参照基本做法，在步骤②中加入汤汁，在步骤④中加入装饰汁。

鲜虾酸辣汤（越式浓汤）

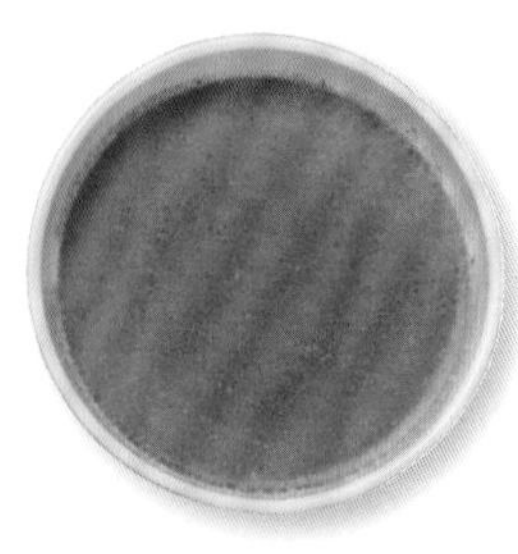

材料

汤汁［泰式酸辣汤调味酱 1 大匙
水 2½ 杯　椰奶 ½ 杯　香菜适量］

装饰汁［柠檬汁 1 大匙　鱼露 2 大匙］

做法

参照基本做法，在步骤②中加入汤汁，在步骤④中加入装饰汁。

基本做法

材料（2 人份）

杏鲍菇 2 个
番茄 ½ 个
虾 2 个
〈汤汁〉适量
〈装饰汁〉适量
香菜末适量

做法

①杏鲍菇切薄片，番茄切成半圆形的块，虾去肠泥、用盐水洗净。
②锅里放汤汁开火，煮到沸腾。
③放入虾煮熟，再加入杏鲍菇和番茄。
④加入装饰汁，盛盘，撒适量香菜饰顶。

虾酱

虾含有丰富的氨基酸成分，因此常当作料理的高汤使用。在亚洲国家里，把虾类加盐发酵、制成糊状调味料，是特有的饮食文化。尤其是泰国的虾酱拥有独特的浓烈风味，少量加在泰式酸辣汤中进行调味，马上就能呈现出地道的口味。

面

乌冬面

京都风味乌冬面

材料

A［味醂、薄口酱油各 2 大匙
高汤 4 杯　盐少量］

乌冬面 2 团　鱼板 4 片　细葱适量

做法

①把 A 放入锅里煮沸。

②加入乌冬面煮一下，起锅捞至汤碗。摆上鱼板、细葱末装饰。

咖喱乌冬面

材料

色拉油适量　鸡胸肉 100g

洋葱 ½ 个　酒适量　高汤 2 杯

A［味醂、酱油各 1 大匙　盐 ¼ 小匙］

B［面粉 3 小匙　咖喱粉 1 ~ 2 大匙
牛奶 ¾ 杯］

乌冬面 2 团

做法

①鸡胸肉切成适口大小，洋葱切薄片。材料 B 拌匀。

②锅中倒入色拉油加热，放进鸡胸肉炒至变色，加洋葱炒到变软，淋入酒。

③加高汤煮到沸腾，转小火、捞掉浮沫，加入 A、B 搅拌均匀。再度煮沸后，倒入已经盛好烫乌冬面的大碗里。

味噌乌冬面

材料

油豆腐 1 片　鸡腿肉 ½ 片　香菇 2 个

葱 ½ 根

A［八丁味噌 4½ 大匙　味噌 1 大匙
高汤 4 杯　味醂 4 大匙
砂糖 2 小匙］

乌冬面 2 小团　鸡蛋 2 个

做法

①豆腐、鸡腿肉、香菇、葱切成适口大小。

② A 放入锅里加热，把味噌匀开。加入乌冬面、油豆腐、鸡腿肉、香菇煮一下，加入葱段、打入鸡蛋、盖上锅盖，等鸡蛋煮到快熟时熄火。

炒乌冬面

基本做法

材料（2 人份）

水煮乌冬面 2 小团　香菇 4 个

猪肉丝 150g　蟹味菇 100g

竹轮卷（小）2 根　〈调味料〉适量

洋葱 ¼ 个　色拉油 4 大匙

胡萝卜 ⅓ 根　胡椒粉适量

细葱 ½ 根

做法

①材料洗净。竹轮卷轮切成半厘米宽的圈，洋葱去皮、切薄片；胡萝卜去皮切成 3 厘米长的丝，细葱切成 4 厘米长段。

②香菇去蒂、切薄片，蟹味菇切除根部、剥成小朵。

③乌冬面用水冲洗松开，沥干水分。

④平底锅放色拉油加热，加猪肉丝、洋葱片拌炒，再加竹轮卷、胡萝卜丝、香菇、蟹味菇一起炒。待蔬菜都软化后，加入细葱炒一下。

⑤最后放乌冬面快速拌炒，淋上调味料、撒胡椒粉，拌到整体入味。

〈调味料〉

基础款炒乌冬面

材料

酱油 2 大匙

蚝油 2 大匙

做法

材料拌匀，在步骤⑤中淋在面上拌炒。

梅香昆布炒乌冬面

材料

酱油 1 小匙

梅子肉干、盐昆布各 1 小匙

白熟芝麻 2 大匙

做法

材料拌匀，在步骤⑤中淋在面上，不加胡椒粉，拌炒均匀。

荞麦面

使用荞麦面的调味露，即使在家里也能做出最地道的味道

基本做法

材料与做法（2 人份）

①锅里放足够的水煮沸，放入干面条，依包装袋上标示的时间煮。

②捞出面条，并用水冲洗后沥干水分。

③盛入碗中，蘸调味露享用。

各式各样的“片”

柴鱼片是最常见的，其他还有鲭鱼片、宗田味柴鱼片、鲔鱼片等多种。柴鱼片，和其他鱼制成的片相比更美味。以口味清爽为特征的鲭鱼片，最常见的做法是切成厚片或薄片。鲔鱼片颜色浅，泡出来的高汤较鲜，适用于料理汤汁。

〈调味露〉

荞麦面的基础款调味露

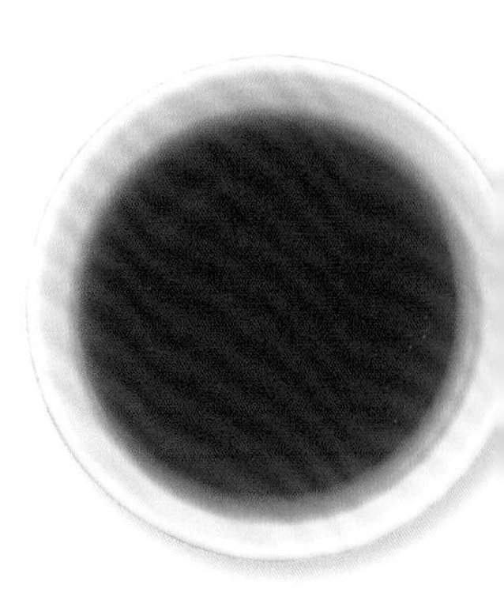

材料

味醂、酱油各 ¼ 杯

高汤 ¾ 杯　柴鱼片 1½ 大匙

做法

将除柴鱼片以外的材料放入锅里煮沸，加入柴鱼片再煮到沸腾后熄火，待稍微冷却后过滤。

蘑菇调味露

材料

味醂、酱油各 2 大匙

砂糖少量

高汤 ½ 杯

金针菇 ½ 袋　香菇 3 ~ 4 个

蟹味菇 ½ 包

做法

菇类洗净后放进耐热容器，放进微波炉（500W）加热到变软，加入剩下的材料，用微波炉煮沸。

核桃调味露

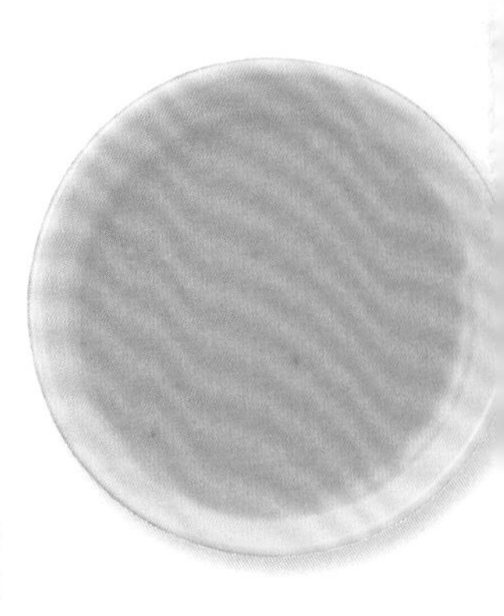

材料

面味露（2 倍浓缩）¼ 杯

核桃 30g　水 ½ 杯

奶精 4 个

做法

将核桃以外的材料充分混合，核桃放进研钵里捣成糊状，慢慢加入先前混合的材料拌匀即可。

加州风味调味露

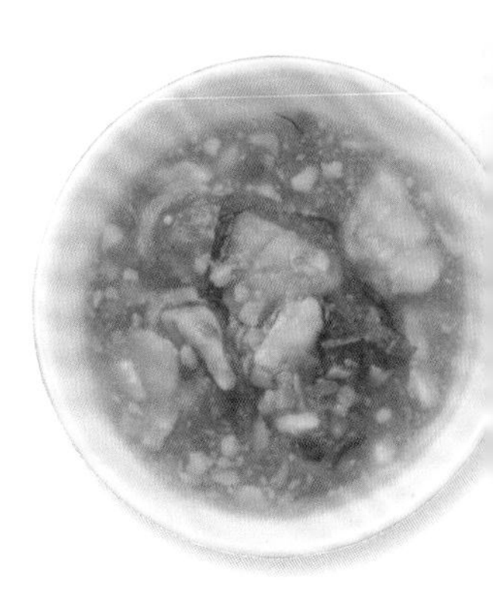

材料

面味露（2 倍浓缩）½ 杯

柠檬汁 2 大匙　水 1 杯

牛油果 1 个

青紫苏（切细丝）2 片

山葵酱适量

做法

所有材料拌匀即完成。

素面

将素面用不同的调味露进行调味，就能变化出各式风味

基本做法

材料（2 人份）

素面 3 把

〈调味露〉适量

做法

①锅里放足量的水加热至沸腾，放入素面、用长筷搅拌，依包装上的标示时间烹煮。

②起锅放在滤筛上用水冲洗，冷却后继续冲水或是用冰水搓洗，取出、沥干水分。

③盛入碗中，蘸调味露一起享用。

素面、凉面条、乌冬面

都是面粉加盐和水揉制成的干燥面食，因其粗细不同而有不同名称。素面是日式面类当中最细的面，可做成凉面、汤面、炒面等料理。凉面条的粗细介于素面和乌冬面之间。乌冬面有粗有细，种类很多。

〈调味露〉

基础款素面调味露

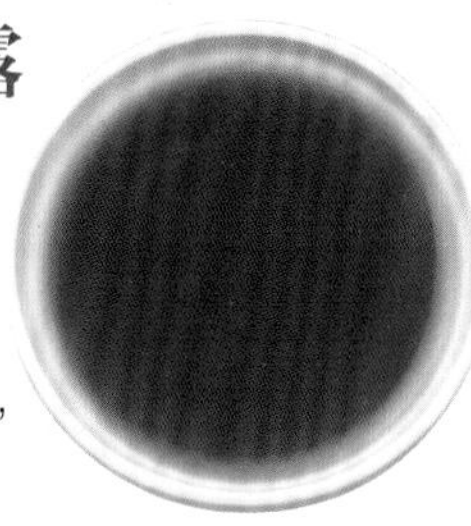

材料
高汤 1 杯
味醂、酱油各 ½ 大匙
做法
材料放进小锅里开中火煮到沸腾，撇掉浮沫后即可熄火。

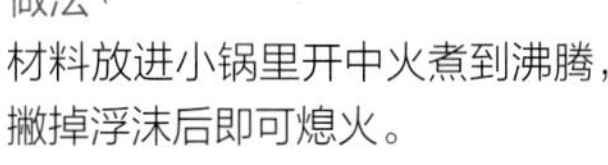

咖喱调味露

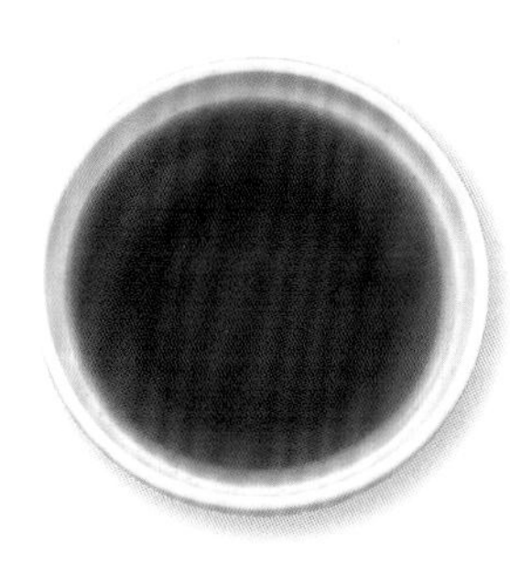

材料
咖喱粉 1 小匙
面味露（2 倍浓缩）¼ 杯
水 1½ 杯　色拉油 2 小匙
做法
所有材料拌匀即完成。

芝麻调味露

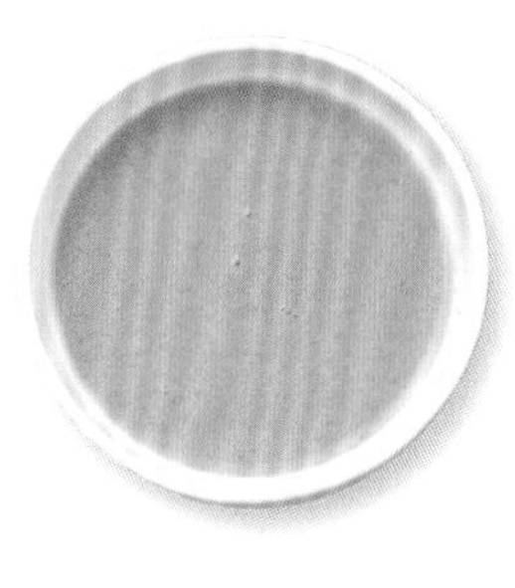

材料
白芝麻酱 2 大匙
面味露（一般型）¾ 杯
砂糖 ½ 小匙
做法
所有材料拌匀即完成。

味噌豆浆调味露

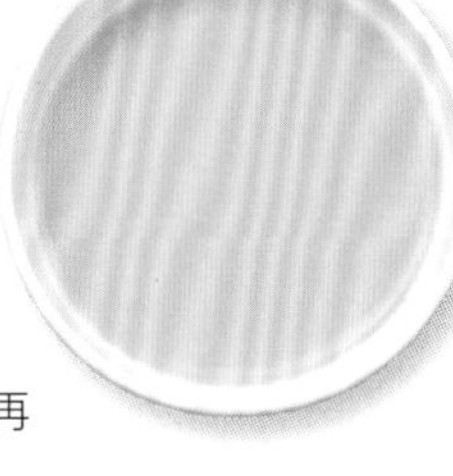

材料
味噌 2½ 小匙
酱油 2 小匙
柴鱼高汤粉 1 小匙
砂糖 ½ 小匙
豆浆（原味）¾ 杯
醋 2 小匙
做法
将除豆浆以外的材料充分混合，再加入豆浆慢慢拌匀。

番茄柑橘醋调味露

材料
番茄泥适量
蒜泥少量
柑橘醋酱油 2 大匙
橄榄油 1 小匙
蜂蜜 ½ 小匙
盐 ¼ 小匙
水 2½ 大匙
做法
所有材料拌匀即完成。

纳豆调味露

材料
纳豆 1 包　面味露（3 倍浓缩）½ 杯
水 1 杯　黄芥末酱 ½ 小匙　细葱切末适量
做法
纳豆用菜刀剁碎到产生黏稠感，所有材料拌匀即可。

海苔山葵调味露

材料
高汤 1 杯　海苔酱 3 大匙　香油 1 小匙
山葵酱 ½ 小匙
做法
所有材料拌匀即完成。

味噌风味调味露

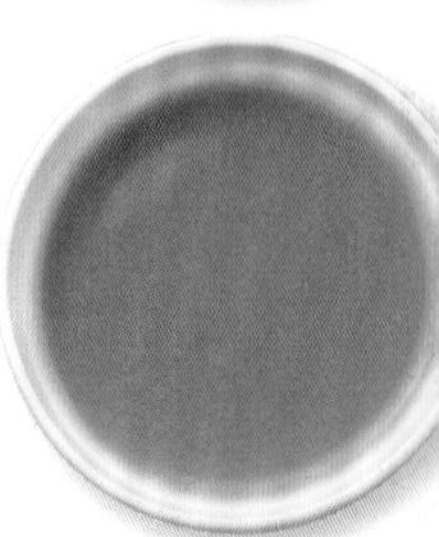

材料
味噌 2 大匙　蒜泥少量　鸡汤粉 1 小匙
水 1½ 杯　香油 1 大匙
粗粒黑胡椒粉少量
做法
味噌以外的材料放入锅里煮 1~2 分钟，味噌用水泡开后加入即可熄火。

中式芝麻调味露

材料
面味露（3 倍浓缩）2½ 大匙
蚝油 1 小匙
姜（捣成泥）½ 片
蒜泥少量
黑芝麻粉、香油各 1 大匙
黄芥末酱 ¼ 小匙　水 ½ 杯
做法
所有材料拌匀即完成。

盐味柠檬调味露

材料
高汤（昆布）1¼ 杯
柠檬汁 1 个
味醂 2 大匙　盐 2 小匙
做法
所有材料拌匀即完成。

黄瓜泥姜味调味露

材料
面味露（3 倍浓缩）2 大匙
香油 1 小匙　盐少量
小黄瓜（磨成泥状）2 根
姜（捣成泥）½ 片
黑熟芝麻 1 大匙
山葵酱 ¼ 小匙　水 1½ 大匙
做法
所有材料拌匀。

意大利面

每天都想吃的意大利面，只要花点心思在酱料变化上，美味就会大升级

〈意大利面酱〉

香蒜辣椒意大利面

材料
大蒜（切薄片）2 瓣
干红辣椒（切末）2 根
橄榄油 3 大匙
做法
平底锅放橄榄油和大蒜，开小火炒香，再加入干红辣椒。在步骤②中，和煮好的意大利面拌匀即可。

基本做法
材料（2 人份）
意大利面 160g
热开水 2000mL
盐 1¼大匙（热开水量的 1%）
〈意大利面酱〉适量
做法
①在沸腾的开水里撒盐，加入意大利面煮，水微微沸腾时，依包装袋上的指示时间继续煮。
②用平底锅加热意大利面酱，加入煮好的意大利面拌匀，盛盘。

奶油培根起司意大利面

材料
A［鲜奶油 4 大匙
蛋黄 1 个
起司粉 3 大匙
粗粒黑胡椒粉少量］
培根肉 4 片
橄榄油 1 大匙
做法
将 A 混合均匀，平底锅放橄榄油和培根肉，炒到肉变得酥脆。在步骤②中，和煮好的意大利面拌匀，熄火，均匀淋上 A。

牛油果奶香意大利面

材料

牛奶 4 大匙
橄榄油 3 大匙
盐 ⅓ 小匙
胡椒粉少量
起司粉 1 大匙
牛油果 1 个

做法

牛油果纵切成一半，取出核、去皮，略微压碎。材料混合均匀，在步骤②中，和煮好的意大利面拌匀。

牛肝菌奶油意大利面

材料

红酒 2 大匙
鲜奶油 4 大匙
蒜（切末）⅓ 瓣
黄油 1 小匙
橄榄油 1 大匙
小牛高汤 ¼ 杯
鸡汤 2 大匙
牛肝菌（干）5g
杏鲍菇 2 个
洋葱末 1 大匙
盐、胡椒粉各适量

做法

牛肝菌泡发后大致切碎（还原汁留着备用），杏鲍菇切薄片。平底锅放橄榄油、黄油、蒜末，开小火煎到闻到香味，加入洋葱末炒到洋葱的水分收干，放入牛肝菌和杏鲍菇拌炒，加红酒煮到酒精挥发，再加入小牛高汤、鸡汤、泡牛肝菌的水 ⅕ 杯，慢慢炖煮。加鲜奶油、盐、胡椒粉调味，在步骤②中，和煮好的意大利面拌匀。

橄榄油

橄榄的果实经压榨而制成的橄榄油，是制作意大利面、意式腌渍等地中海料理不可缺少的油品。有一定的保健功效。橄榄油的分类有国际标准，依风味和酸度分级进行分类。用低温压榨工艺制成的油被称为初榨橄榄油（virgin oil），通过各种检验的最高等级的油品，就称为高品质初榨橄榄油（extra virgin oil）。

高品质初榨橄榄油（Extra virgin）

拥有浓烈的橄榄油特有的风味和香气，经常用在调味酱料和腌渍，使用时多不加热。

高浓度橄榄油（Pure）

即在精制橄榄油中加入初榨橄榄油的调和油，通常在加热后食用，可感受到明显的橄榄香味。

未过滤橄榄油

含有部分果实沉淀，带有微微的苦味和果香味。当调味酱使用时口感更加分。

番茄意大利面

材料

水煮番茄（罐装）1 瓶

蒜（切末）1 瓣

洋葱（切末）¼ 个

橄榄油 3 大匙

盐 ½ 小匙

水 ½ 杯

做法

将水煮番茄倒入大碗里，用手捏碎备用。锅中放橄榄油，加入蒜末，以较弱的中火炒，加入洋葱末拌炒，再放进捏碎的番茄和等量的水，边搅拌边转中火煮 15 分钟。若途中煮到水略干，则再加入适量的水。待汤汁转成橘红色时，加盐调味，在 P98 的基本做法②中和煮好的意大利面拌匀。

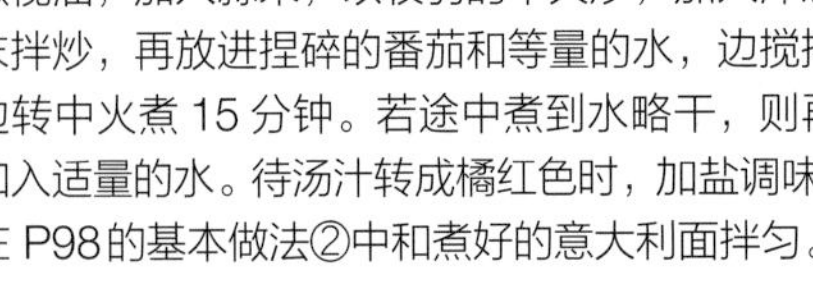

意大利肉酱面

材料

牛肉馅 300g

小洋葱（切末）1 个

青椒（切丁）2 个

胡萝卜 ½ 根

水煮番茄 200g

番茄汁 ½ 杯

高汤块 1½ 个　月桂叶 1 片

辣酱油、番茄酱各 1.5 大匙

盐、胡椒粉各少量

做法

将牛肉馅、洋葱末、青椒丁、胡萝卜放入锅里拌炒，再加入剩下的材料继续炒。在 P98 的基本做法②中和煮好的意大利面拌匀。

鲔鱼味噌意大利面

材料

味噌 2 ~ 3 小匙　罐头鲔鱼 40g

蛋黄酱 3 大匙　橄榄油 2 大匙

胡椒粉少量

七味唐辛子适量

做法

将所有材料拌匀，在 P98 的基本做法②中和煮好的意大利面拌匀。

梅子肉干紫苏意大利面

材料

酱油 1 大匙　梅子肉干酱 2 大匙

昆布丝 2 大匙　高汤 3 大匙

青紫苏（切细丝）4 片　魩仔鱼 6 大匙

白芝麻适量

做法

将所有材料拌匀，在 P98 的基本做法②中和煮好的意大利面拌匀。

鳕鱼子意大利面

材料

鳕鱼子 1 块　奶油 3 大匙

白芝麻适量

做法

鳕鱼子用汤匙等刮下，和奶油、白芝麻拌匀，在 P98 的基本做法②中和煮好的意大利面拌匀。

日式炒面

基本做法

材料（2 人份）

猪五花肉薄片 150g　面条 2 团

圆白菜 2 ～ 3 大片　色拉油 1 大匙

青椒 1 个　〈混搭酱料〉适量

做法

①材料洗净。猪五花肉薄片、圆白菜、去蒂的青椒切成适口大小，面条送进微波炉（500W）加热 2 分钟。

②平底锅放色拉油加热，炒猪肉，加入蔬菜拌炒，一边松开油面，并且一边放入锅中拌匀。

③加入混搭酱料，整体拌匀即可。

〈混搭酱料〉

基础款日式炒面

材料

中浓酱 3 大匙

蚝油 2½ 小匙

盐、胡椒粉少量

做法

所有材料拌匀，在步骤③中淋在面上拌炒。

咸味炒面

材料

酒 1 大匙

酱油 ½ 大匙　盐 ¼ 小匙

鸡高汤粉 ½ 大匙

胡椒粉少量

做法

所有材料拌匀在步骤③中淋在面上拌炒。

咖喱风味炒面

材料

咖喱粉 ½ 小匙

砂糖 1 小撮　酱油 1 大匙

盐 ¼ 小匙　胡椒粉少量

做法

所有材料拌匀，在步骤③中淋在面上拌炒即可。

新加坡风味炒面

材料

砂糖 1½ 小匙

椰奶 ½ 杯　鱼露、蚝油、咖喱粉各 2 小匙～ 1 大匙

做法

所有材料拌匀，在步骤③中淋在面上拌炒即可。

拿坡里风味炒面

材料

酱油 1 小匙

番茄酱 4 大匙

盐、粗粒黑胡椒粉各少量

做法

所有材料拌匀，在步骤③中淋在面上拌炒即可。

依料理选择酱料

　　将番茄和洋葱等蔬菜、苹果、柑橘炖煮后，加砂糖、盐、辛香料等制作的酱料，也分很多种，比如中浓酱、辣酱油（伍斯特酱）、大阪烧专用酱料和猪排酱等，依料理的种类使用相对应的各种酱料。除了直接入菜之外，由于含有丰富的蔬菜和辛香料，因此也是用来提味的优质调味料。

拉面

如果能在家里自制汤头，
更能享受特别风味

〈汤汁〉

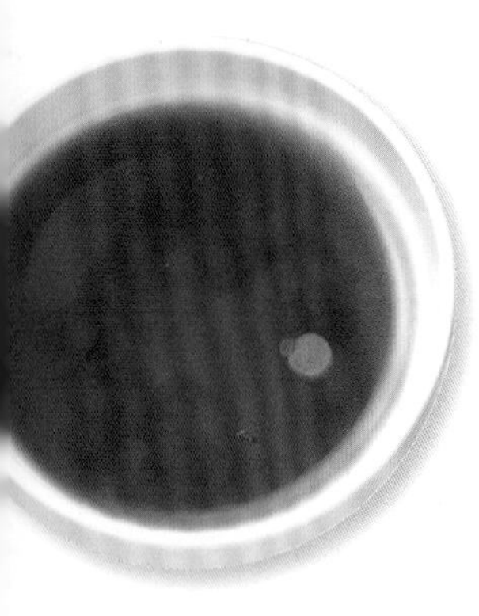

酱油拉面汤

材料
酱油 2½ 大匙
鸡汤 4 杯
蚝油 ½ 小匙
葱（切末）½ 根
做法
将材料放进锅里煮开即可。

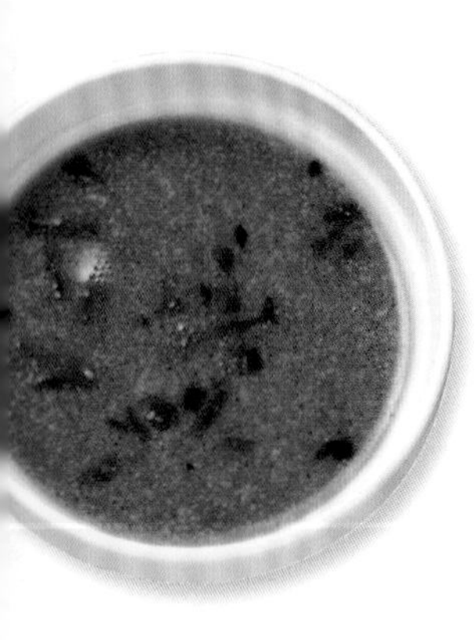

味噌拉面汤

材料
酒、砂糖各 1 大匙
甜面酱、酱油各 2 大匙
芝麻酱 ½ 大匙
鸡汤 4 杯
大蒜、姜各 ½ 片
葱（取叶）½ 根
色拉油 4 大匙
做法
大蒜、姜、葱拍扁，加色拉油炒香后盛出，把剩下的材料放进同一个锅中煮沸。

盐味拉面汤

材料
酒 1 大匙
鸡汤 4 杯
盐 ½ 大匙
做法
所有材料放进锅里煮沸即可。

基本做法

材料（2 人份）
中式拉面 2 团
〈汤汁〉适量
配菜适量
做法
用热开水煮熟面，起锅放进盛有热腾腾汤汁的大碗里，铺上喜好的配菜。

> **“万能”的中式调味料**
>
> 成分有鸡骨、猪骨、蔬菜精华、辛香料、盐等调味料，制成糊状后更便于使用，除了中式料理之外，也能广泛应用在日料和西餐。只要用热开水将其冲泡，就能做出地道的中式汤品。

中式凉面

基本做法

材料（2 人份）

小黄瓜 ⅔ 根　生面条 2 团

火腿 50g　香油少量

鸡蛋 1 个　〈混搭酱料〉适量

色拉油适量

做法

①小黄瓜洗净，与火腿一同切细丝备用。将鸡蛋打进碗里打散，平底锅放色拉油烧热，放入蛋液，两面煎熟后切细丝。

②将生面团放进沸水中煮，依包装标示时间烹煮。捞出后放入冷水中冷却，沥干水分，淋香油拌匀，盛盘。铺上步骤①的配菜，淋混搭酱料，可依喜好撒海苔碎片。

〈混搭酱料〉

酱油醋酱

材料

酱油 2 大匙

高汤 ½ 杯

砂糖 1 大匙

醋 1 ～ 2 大匙

香油 ½ 大匙

做法

所有材料拌匀即可。

芝麻酱

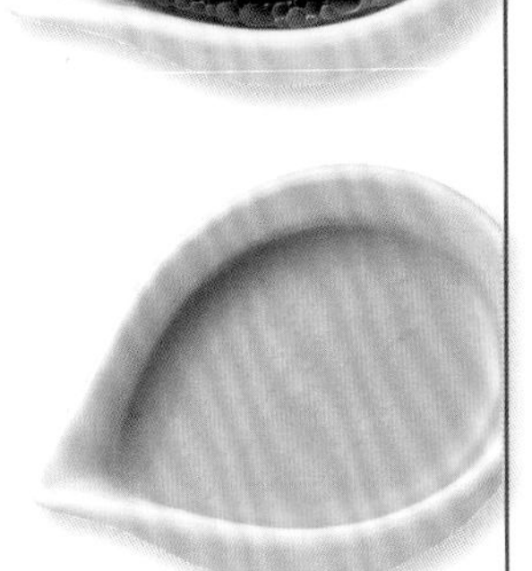

材料

酱油、醋各 1½ 大匙

白芝麻酱 2 大匙

砂糖 ½ 大匙

香油 ½ 大匙

做法

所有材料拌匀即可。

冷面

基本做法

材料（2 人份）

小黄瓜 ½ 根　水泡菜适量

水煮蛋 1 个　红辣椒丝适量

冷面 2 小团　冷面的〈汤汁〉适量

做法

①小黄瓜洗净后切细丝，用切蛋器把水煮蛋切成半厘米厚的薄片。

②依包装标示煮冷面，捞出后在冷水里搓洗，洗掉黏液，沥干水分。

③装碗，铺上小黄瓜丝、水煮蛋、适量水泡菜，注入冷面的汤汁，以适量的红辣椒丝装饰。视个人喜好加醋、芥末粉（分量外）。

〈汤汁〉

基础款冷面

材料

A [大蒜 ½ 瓣
薄姜片 1 片
昆布（10 平方厘米）1 片
鸡汤粉 ½ 小匙
盐 2 小匙、水 4 杯]

水泡菜的汤汁 ½ 杯

做法

锅里放 A 和牛胫肉块 200g，开大火煮到沸，撇掉浮沫转小火焖煮 1 小时。待肉质变软后熄火，边浸泡边冷却。冷却后取出肉块、过滤汤汁，和水泡菜的汤汁混合，加适量的盐调味。在步骤③中注入碗里即可。

※ 剩下的牛肉，蘸着芥末酱也很好吃。

花生酱冷面

材料

花生碎粒 2 大匙

蛋黄酱、番茄酱、辣酱、鱼酱各 1 大匙

蒜泥 ½ 小匙

鸡汤 3 大匙

做法

所有材料拌匀，在步骤③中注入碗里。

河粉

以新鲜的河粉打底，浇上地道汤汁，用蔬菜和肉点缀，香气扑鼻

〈汤汁〉

牛肉河粉汤

材料

牛胫肉 400g　水 3000mL

洋葱 1 个　姜 1 片

大蒜 2 瓣　萝卜 ⅙ 个

A [八角、肉桂、茴香、香菜各少量]

做法

将 A 倒入平底锅，开小火干炒。牛肉汆烫过后洗去血水和多余油脂，将材料放进较大的锅里煮，一面撇掉浮沫、一面煮到剩一半汤汁即完成。

简易蔬菜河粉汤

材料

洋葱 ¼ 个　姜 ⅓ 片

大蒜 2 瓣　葱 ½ 根

水 6 杯　八角 2 个

肉桂 1 段

高汤块 1 个

酱油、鱼露各 1 小匙

盐 ½ 小匙　胡椒粉少量

做法

洋葱和姜切薄片，大蒜剥皮后用刀背拍碎，葱切成 5 厘米长的段。所有材料放进锅里，开大火煮到沸腾后，转中小火煮 30 分钟，过滤汤汁。

基本做法

材料（4 人份）

河粉 200g

熟薄牛肉片 200g

细葱适量

粗盐适量

汤汁适量

做法

①锅里加入适量的汤汁加热。

②河粉依包装指示时间煮，起锅盛入碗中。

③铺上适量的熟薄牛肉片、细葱花、粗盐，淋上热汤汁。视个人喜好撒上甜罗勒、香菜等香料蔬菜（分量外）。

香草

香草香气清新悠长，可令菜肴的味道层次更丰富。常用的香草有如下几种。

香菜

以独特的清爽香味为特征，在亚洲、南美、中东等地区，是被普遍使用的香料蔬菜。广泛应用在炒菜、沙拉、酱料等。

莳萝

也被称为“鱼的香草”，适合用来烹饪清淡的鱼贝类、蛋类，也适合用于炒菜。

罗勒

茎为紫色，香气比甜罗勒更稳定。

越南香菜

蓼科植物，叶和茎具有微微的辣味和苦味，香味介于鱼腥草和香菜之间，常用于拌菜和香料调味。

锅物

火锅

将食材蘸蘸料后食用，四季皆可食用

基本做法

材料（4 人份）

喜好的配菜适量

〈火锅的汤底〉适量

〈火锅的蘸料〉适量

做法

①准备鸡肉、大白菜等喜好的配菜，洗净后切成适口大小备用。

②把配菜和火锅的汤底放进锅里，煮熟后蘸火锅的蘸料享用。

柚香胡椒粉

柚香胡椒粉的“胡椒粉”其实是指绿辣椒，带有清爽的香味和微微的辛辣感是其特征。除了用作火锅面类的提味，也可广泛应用在意大利面酱和嫩煎肉排等料理。

〈火锅的汤底〉

酱油汤底

适用于：鸡肉、大白菜等

材料

高汤 5 杯

酱油 ¼ 杯

味醂、酒各 ⅓ 杯

砂糖 1 大匙　盐 1 小匙

做法

所有材料放进锅里煮沸，再放入喜好的配菜煮熟即可。

番茄汤底

适用于：鱼贝类、维也纳香肠等

材料

A［番茄汁（含盐）2½ ~ 3 杯
　番茄酱 1 大匙
　西式高汤粉 ½ 大匙
　大蒜 2 瓣　盐 ½ 大匙　水 3 杯］

橄榄油 1 大匙

做法

大蒜纵向切成两半，用菜刀背拍碎，把 A 放进锅里拌匀，煮沸后加入橄榄油即可。

芝麻味噌汤底

适用于：猪五花肉、圆白菜等材料

材料

A［蒜泥、姜泥各 1 小匙
　酱油 ½ 大匙　酒 ¼ 杯
　鸡高汤粉 2 小匙
　水 6 杯］

味噌 5 大匙

白芝麻粉 4 大匙

做法

把 A 放进锅里拌匀，开大火煮沸后，味噌加水冲开后加入，最后加入芝麻粉。

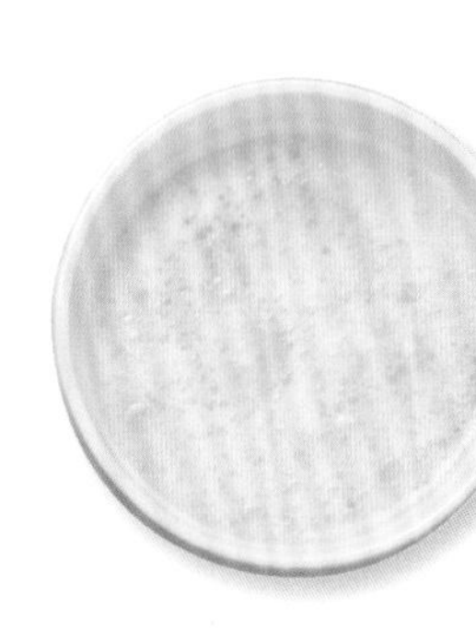

白汤底

适用于：牡蛎、菇类等

材料

A［洋葱切薄片 ½ 个
　西式高汤粉 ½ 大匙　盐 1 小匙
　胡椒粉少量、水 3 杯］

牛奶 2½ 杯

B［黄油、面粉各 4 大匙］

做法

把 A 放进锅里拌匀，开大火煮沸后，转小火煮约 5 分钟，加入牛奶煮到快要沸腾。将汤汁慢慢加入拌匀的 B 中搅匀，然后整个加入锅里，煮 2 ~ 3 分钟。

〈 火锅的蘸料 〉

甘味噌酱

材料

甜面酱 3 大匙

酒、胡椒粉各 1½ 大匙

鸡高汤粉 2 大匙

做法

所有材料放进锅里拌匀，开火煮沸即可。

花椒嫩芽酱

材料

西京味噌、高汤各 3 大匙

砂糖 1 大匙

酱油 ½ 大匙

醋 2 小匙　花椒嫩芽 1 小撮

做法

所有材料拌匀即可。

香味芝麻酱

材料

白芝麻粉 2 ~ 3 大匙

蒜泥 ½ 小匙

姜末适量

胡椒粉 ½ 小匙

盐曲 2 小匙

做法

所有材料拌匀即可。

萝卜泥柑橘醋酱

材料

萝卜泥 1 杯

柑橘醋 3 大匙

薄口酱油 2 大匙

单一口味辣椒粉少量

做法

所有材料拌匀即可。

涮涮锅

蘸料的千变万化，更能衬托肉质的美味

基本做法

材料（容易制作的分量）

薄牛肉片 600 ~ 800g

喜好的蔬菜适量

涮涮锅的〈蘸料〉适量

做法

①薄牛肉片从包装袋中取出，以方便夹取的方式摆盘，蔬菜切成适口大小。

②锅里放高汤煮沸后，用筷子夹牛肉放进锅里快速涮一下再起锅，蘸涮涮锅的蘸料享用。

〈蘸料〉

柑橘醋酱油

材料

柚子（或柑橘类榨汁）2 大匙

薄口酱油 ¼ 杯

砂糖 ½ 小匙　酒 1 大匙

味醂 1½ 大匙

做法

将酒和味醂放进耐热容器，直接送进微波炉（500W）加热 1 分 30 秒，取出冷却后，加入剩下的材料拌匀即可。

涮涮锅

涮涮锅表面积比普通锅大，因此具有防止温度降低的效果。

梅子肉干酱油

材料

梅子肉干 5 大匙　酱油 1 杯

味醂、酒各 ⅓ 杯

砂糖 1 大匙

做法

所有材料放进锅里拌匀，开中大火煮沸后熄火，慢慢降温到不烫手的程度即可。

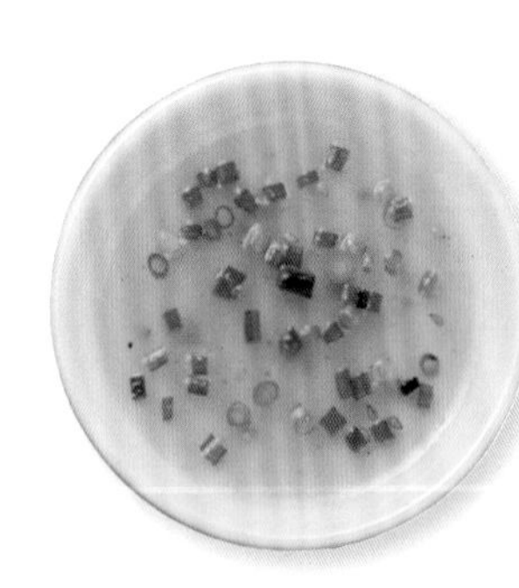

盐味酱

材料

高汤 ½ 杯

蒜泥 ½ 小匙

白芝麻粉 1 小匙

香油 ½ 大匙

盐 ¼ 小匙

细葱末 1 ~ 2 根

水淀粉 2 大匙

做法

香油倒入锅中，开中火加热，放入蒜泥、细葱末爆香后，加入高汤煮到沸腾，再加入盐、芝麻粉拌匀。加入水淀粉勾芡后熄火。

芝麻酱

材料

芝麻酱 2 大匙

砂糖 ½ 小匙

酱油、味醂、高汤各 1½ 大匙

做法

所有材料拌匀。

柠檬山药泥酱

材料

山药 120g　洋葱 ⅛ 个

柠檬汁 1½ 大匙

酱油 1 大匙

高汤 ¼ 杯

做法

山药和洋葱磨成泥状后，将所有材料拌匀即可。

关东煮

寒冬里最适合
来一碗热腾腾的关东煮
除了基本款，
也有西式和咖喱风味

基本做法

材料（4 人份）

萝卜 ½ 根　牛蒡卷 8 根
蒟蒻 1 片　水煮蛋 4 个
竹轮卷 2 条　〈关东煮汤汁〉适量
鱼板 2 片　昆布结 8 个
油豆腐 1 块

做法

①萝卜削皮、切成 2 厘米宽再对切成半月形，用淘米水煮 10~15 分钟。蒟蒻斜切成 4 等份，放进煮萝卜的汤里汆烫。竹轮卷斜切成两半，鱼板对角切成 4 等份。油豆腐斜切成 4 等份，和牛蒡卷一起放进热开水里汆烫，水煮蛋剥壳备用。

②锅里放关东煮汤汁加热，放入萝卜、蒟蒻、昆布结、水煮蛋煮沸后转小火，盖上锅盖焖煮 20 分钟。

③加入竹轮卷、油豆腐、牛蒡卷以及其他喜好的配菜，再煮 15 分钟。

〈关东煮汤汁〉

重口味汤汁

材料

高汤 5½ 杯
酒 2 大匙
砂糖、味醂各 1⅓大匙
酱油 4 大匙

做法

所有材料放进锅里煮到沸腾，根据食材煮熟需要时间的长短依序将食材放入锅里即可。

清淡汤汁

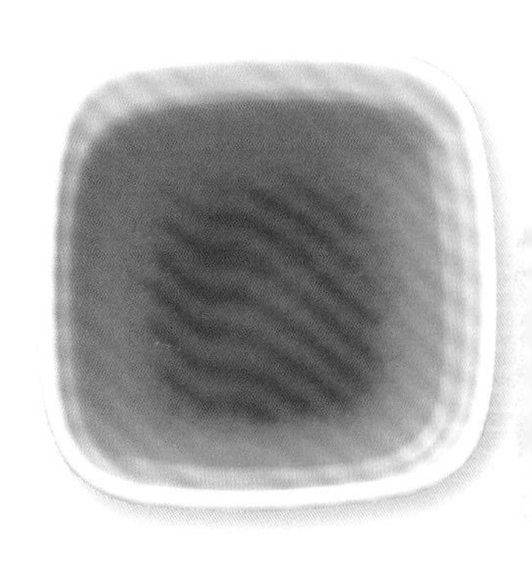

材料

高汤 8 杯
薄口酱油 4 大匙
味醂 2 大匙

做法

所有材料放进锅里煮到沸腾，根据食材煮熟需要时间的长短依序将食材放入锅里即可。

西式关东煮

材料

鸡高汤 5 杯
白酒 4 大匙
盐 1 小匙　胡椒粉少量

做法

所有材料放进锅里煮到沸腾，根据食材煮熟需要时间的长短依序将食材放入锅里。

味噌咖喱关东煮

材料

咖喱块 20g
A ［赤味噌 50g
鸡汤粉 2 小匙
砂糖 2 大匙
水 4½ 杯］

做法

把 A 放进锅里煮到沸腾，先熄火放咖喱块溶解，根据食材煮熟需要时间的长短依序将食材放入锅里。

寿喜烧

用甜辣酱油入味的牛肉，味道醇香浓厚

基本做法

材料（4 人份）

牛里脊肉 600g　茼蒿 1 束

葱 2 根　牛脂适量

乌冬面 200g　〈寿喜烧的佐料汁〉适量

烤豆腐 1 块

做法

①牛里脊肉切成 2 ~ 3 等份，葱洗净斜切成 1 厘米宽的段，乌冬面汆烫后切成适口长度。烤豆腐切成 10 等份，茼蒿切成 5 厘米长的段。

②将寿喜烧专用锅烧热后，均匀抹上牛脂，放葱和牛里脊肉下锅煎到肉两面上焦色，均匀淋上寿喜烧的佐料汁。

③转小火，加入其他洗净的配菜，煮到所有食材都上色即可。

〈寿喜烧的佐料汁〉

佐料汁 A

材料

A［酒、味醂、酱油各 ½ 杯

砂糖 ⅓ 杯］

高汤（昆布）适量

做法

A 煮到汤汁收干一半，加入高汤。

佐料汁 B

材料

红糖 6 大匙　酒 2 大匙

酱油 5 大匙　高汤（昆布）适量

做法

在煎肉时撒上红糖和酒，待微微上焦糖色时，加入酱油、高汤、其他的配菜一起煮。

红酒寿喜烧

材料

红酒、酱油、味醂各 ¼ 杯

砂糖 1 大匙　粗粒黑胡椒粉适量

做法

所有材料放进小锅煮沸，淋在煎肉的寿喜烧锅里，当作佐料汁即可。

韩式寿喜烧

材料

酱油 4 大匙

蒜泥 1 瓣

酒 2 大匙　砂糖 1½ 大匙

香油 2 大匙

白熟芝麻、红辣椒粉各 ½ 大匙

做法

所有材料拌匀，淋在煎肉的寿喜烧锅里，当作佐料汁即可。

砂糖

制作寿喜烧时用的牛肉，是撒上砂糖煎烤的。如此，在煎肉时会使肉更美味、软嫩。先放砂糖会让肉纤维之间的缝隙变大，使佐料汁更容易入味。若在砂糖的种类上作变化，则能享受到更多不同的风味。最常用的砂糖，由于颗粒小、含有糖浆，适用于增加甜味时使用。红糖具有香味和浓醇甜味，能让食物烧出美丽的色泽是其特征。若使用黑糖，则能享受到独特的自然风味和自然的甜味口感。

沙拉、副菜

沙拉酱

能让新鲜蔬菜
变得更可口，
在家也能做出可口的沙拉酱

香菜酱

适用于：拌入烫熟的章鱼中
材料（容易制作的分量）
香菜末 2 根
蒜（切末）½ 瓣
初榨橄榄油 2 大匙
蛋黄酱、柠檬汁各 1 大匙
盐 ½ 小匙　砂糖少量
做法
所有材料放进碗里拌匀即可。

制作美味沙拉的诀窍

①叶菜类在清洗前用手撕取代刀切，尽量顺着纤维撕成一口大小（用刀切的切口容易变色）。
②清洗时，大碗里要放足够量的水。
③沥干水分，放进冰箱冷藏约 30 分钟。
④在装好材料的碗里淋上沙拉酱，轻轻拌匀。

咖喱酱

适用于：胡萝卜薄片等蔬菜
材料（容易制作的分量）
醋、初榨橄榄油各 2 大匙
砂糖 ½ 大匙　咖喱粉 ½ 小匙
胡椒粉少量
做法
所有材料放进碗里拌匀即可。

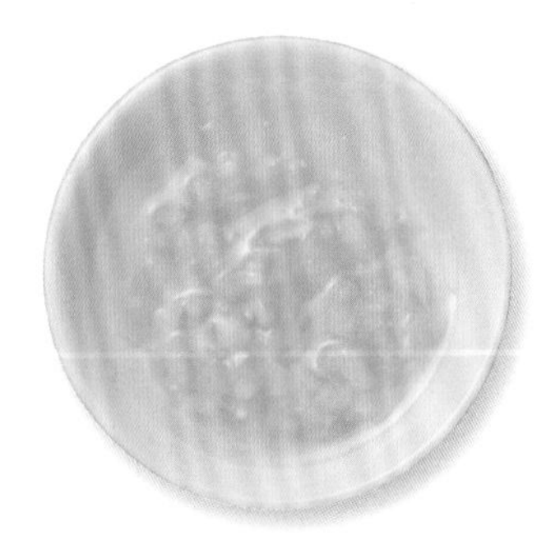

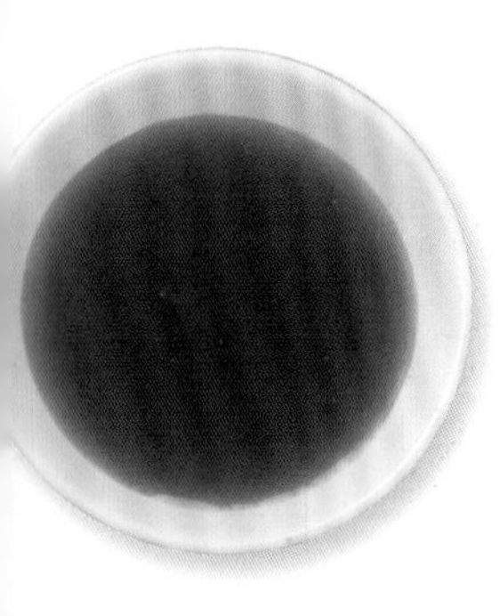

鳀鱼酱

适用于：搭配卷叶莴笋、综合生菜叶、菊苣等
材料（容易制作的分量）
鳀鱼片 2 ~ 3 片
初榨橄榄油 2 大匙
白酒醋 2 小匙
盐、胡椒粉各少量
做法
所有材料放进碗里，鳀鱼用汤匙压碎后拌匀即可。

洋葱酱

适用于：搭配鸡柳条和牛油果等
材料（容易制作的分量）
洋葱末 ¼ 个
米醋、色拉油各 1 大匙
盐 ¼ 小匙　砂糖 ½ 小匙
做法
洋葱放进大碗里，静置 15 分钟以上，加入其他材料拌匀后，放置一晚让其入味。

莎莎酱

适用于：乌贼和叶菜类等

材料（容易制作的分量）

番茄（中等大小）1 个
洋葱（切末）¼ 个
青椒（切末）½ 个
初榨橄榄油 2 大匙
柠檬汁 1 大匙
盐 ½ 小匙　胡椒少量

做法

番茄洗净切成小丁状，洋葱加盐（分量外）抓拌后沥掉水分，将所有材料放进碗里拌匀。

异国风味酱

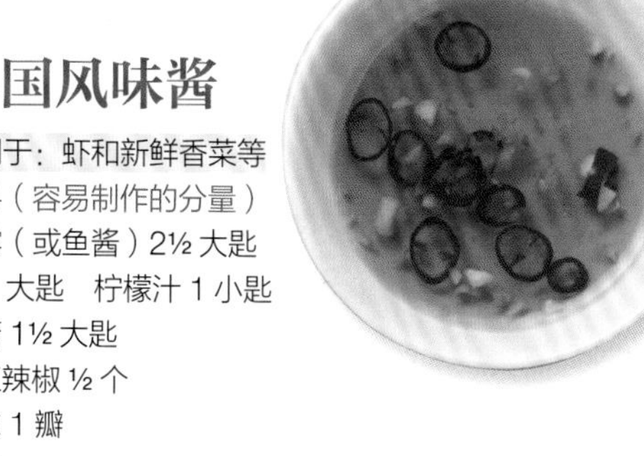

适用于：虾和新鲜香菜等

材料（容易制作的分量）

鱼露（或鱼酱）2½ 大匙
醋 1 大匙　柠檬汁 1 小匙
砂糖 1½ 大匙
干红辣椒 ½ 个
蒜末 1 瓣

做法

干红辣椒软化后，连籽一起切成辣椒圈（若不敢吃辣，可去籽），将所有材料拌匀即可。

> **制作完美沙拉酱的诀窍**
>
> 想要制作出完美的沙拉酱，诀窍在于搅拌的顺序。首先，先把盐、调味料和醋等拌匀，油最后加入，而且是一点一点慢慢加。在每一次添加油时，用打蛋器不时搅拌，等混合液的颜色变白就大功告成。

凯撒酱

适用于：生火腿和叶菜类等

材料（容易制作的分量）

A［白酒醋、芥末酱各 ½ 大匙］
B［色拉油 2 大匙
　蛋黄酱 1 大匙
　鲜奶油 ¼ 杯　盐少量］
C［鳀鱼（切碎末）4 片
　酱末 ¼ 瓣
　辣酱油、砂糖、胡椒粉各少量］

做法

将 A 放进碗里拌匀，一点一点地加入 B 继续搅拌，最后加入 C 拌匀，如果咸味不够可再加一点盐。

法式酱

适用于：烤茄子或鲔鱼、洋葱和番茄等

材料（容易制作的分量）

白酒醋 1 大匙
盐 ¼ 小匙　初榨橄榄油 2 大匙
胡椒粉少量

做法

依序将材料放进碗里，每次加入时仔细拌匀即完成。

奶油花生酱

适用于：豆腐和海鲜等

材料（容易制作的分量）

A［蛋黄酱 ½ 杯　醋 2 小匙
　水 1 大匙　盐少量
　砂糖 2 小匙］
B［水 1 大匙　酱油 1 小匙
　杏仁碎片　花生碎片各 1 大匙
　花生酱 2 大匙］

做法

依序将 A 材料拌匀，做成乳状基底，再加入 B 材料拌匀即完成。

中式沙拉酱

适用于：番茄和小黄瓜、叶菜类等

材料（容易制作的分量）

色拉油、香油各 2 大匙
醋 3½ 大匙　酱油 ½ 大匙
砂糖、辣油各 ¼ 大匙　盐 ½ 小匙
葱末 ¼ 根
姜泥、蒜泥各 1 小匙

做法

所有材料拌匀即完成。

沙拉蘸酱、酱料

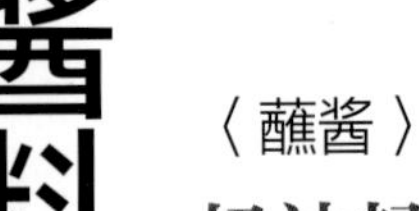

〈蘸酱〉

奶油起司酱

适用于：司康、面包、甜点等
材料（容易制作的分量）
奶油起司 50g
蒜泥 ½ 小匙
欧芹（切碎末）2 小匙
盐、胡椒粉各少量
橄榄油 ½ 小匙
做法
奶油起司置于室温下软化，把所有材料放进碗里拌匀即可。

味噌起司酱

适用于：圆白菜和小黄瓜、根茎类蔬菜等
材料（容易制作的分量）
奶油起司 50g　味噌 ½ 大匙
酱油、盐、胡椒粉各少量
做法
奶油起司放置室温下软化，把所有材料放进碗里拌匀即可。

柠檬鲔鱼蛋黄酱

适用于：煎芜菁等
材料（容易制作的分量）
鲔鱼罐头 1 小瓶　蛋黄酱 4 大匙
柠檬汁 1 小匙　盐、胡椒粉各少量
做法
鲔鱼沥掉水分、倒进碗里，先加蛋黄酱拌匀，再加入剩下的材料拌匀。

〈酱料〉

味噌蛋黄酱

适用于：温野菜和煎鱼等
材料（容易制作的分量）
味噌 2 大匙
蒜泥 ½ 大匙
柑橘醋、蛋黄酱各 1 大匙
做法
所有材料放进碗里拌匀。

意式鳀鱼热蘸酱

适用于：蔬菜棒等
材料（容易制作的分量）
鳀鱼片 5 ~ 6 片
初榨橄榄油 2 大匙
鲜奶油 1 杯
玉米淀粉、水各 1 小匙
盐、胡椒粉各少量
做法
锅开中火、倒入初榨橄榄油加热，加入拍碎的鳀鱼片轻轻拌炒，加入鲜奶油。玉米淀粉加水拌匀后倒入锅中勾芡，最后加盐、胡椒粉调味。

蒜香蛋黄酱

适用于：煮熟的胡萝卜和马铃薯等
材料（容易制作的分量）
蛋黄 1 个
蒜泥 1 小匙
初榨橄榄油 ¾ 杯
柠檬汁 1 大匙
盐 ½ 小匙　胡椒粉少量
做法
将橄榄油以外的材料放进碗里拌成乳状，用打蛋器一面搅拌、一面慢慢加入橄榄油拌匀。

温野菜的和风芝麻酱

适用于：温野菜和蒸鸡肉等
材料（容易制作的分量）
白味噌、酒、白芝麻粉各 1 大匙
高汤 ½ 大匙
做法
酒先加热使酒精挥发，和其他材料拌匀。

马铃薯沙拉

最受欢迎的基础款沙拉，
只要再加点变化
美味瞬间升级

基本做法

材料（2人份）
马铃薯（大）2个
A［醋½小匙　胡椒粉少量］
小黄瓜1根
洋葱¼个
盐½小匙
胡萝卜⅓根
马铃薯沙拉的〈调味料〉适量

做法

①材料洗净。马铃薯分别用保鲜膜包裹，送进微波炉（500W）加热7~8分钟，取出趁热剥皮，压碎后加入A拌匀。
②小黄瓜切丁、洋葱切薄片，放进碗里加盐使水分渗出、用手榨出水分，胡萝卜纵切4等份后切薄片、烫熟。
③将步骤①的食材放进步骤②的混合物中，加入马铃薯沙拉的调味料快速拌一下。

〈调味料〉

基础款马铃薯沙拉

材料
砂糖、醋、色拉油各1小匙
盐、胡椒粉各少量
蛋黄酱3大匙

做法
所有材料拌匀，在步骤③中加入即可。

咖喱风味马铃薯沙拉

材料
咖喱粉1小匙　牛奶1大匙
蛋黄酱2大匙
砂糖1小匙、盐适量

做法
所有材料拌匀，在步骤③中加入即可。

腌牛肉马铃薯沙拉

材料
腌牛肉罐头½瓶（50g）
欧芹末1大匙
蛋黄酱2大匙　盐¼小匙
胡椒粉少量

做法
所有材料拌匀，在步骤③加入即可。

拌菜

和食小菜的基础款，
利用丰富的变化
让蔬菜更美味

基本做法

材料（2 人份）

秋葵 10 根

〈拌酱〉适量

做法

①锅加水煮到沸腾，再放入洗净的秋葵氽烫，捞出、沥干。

②将秋葵对半斜切、放进碗里，加入拌酱拌匀。

〈拌酱〉

基础款芝麻拌菜

适用于：果菜、叶菜类等

材料

白芝麻粉 2 大匙

砂糖、水各 1 大匙

酱油 1½ 大匙

做法

将所有材料放进碗里拌匀，再加入配菜拌匀即可。

芝麻味噌拌菜

适用于：鸡肉、叶菜类等

材料

白芝麻粉 2 大匙

味噌 2 小匙　味醂 2 大匙

香油 1 小匙　辣油少量

做法

将所有材料放进碗里拌匀，再加入配菜拌匀即可。

芝麻蛋黄酱拌菜

适用于：叶菜类等

材料

白芝麻粉 2 大匙

蛋黄酱 1 大匙　酱油 2 小匙

砂糖 1 小匙

做法

将所有材料放进碗里拌匀，再加入配菜拌匀即可。

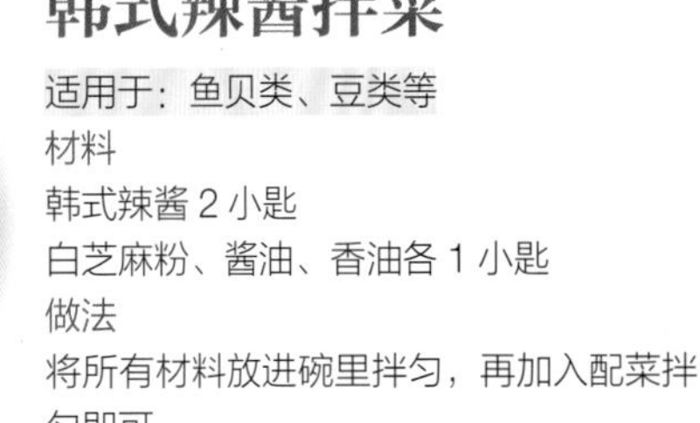

韩式辣酱拌菜

适用于：鱼贝类、豆类等

材料

韩式辣酱 2 小匙

白芝麻粉、酱油、香油各 1 小匙

做法

将所有材料放进碗里拌匀，再加入配菜拌匀即可。

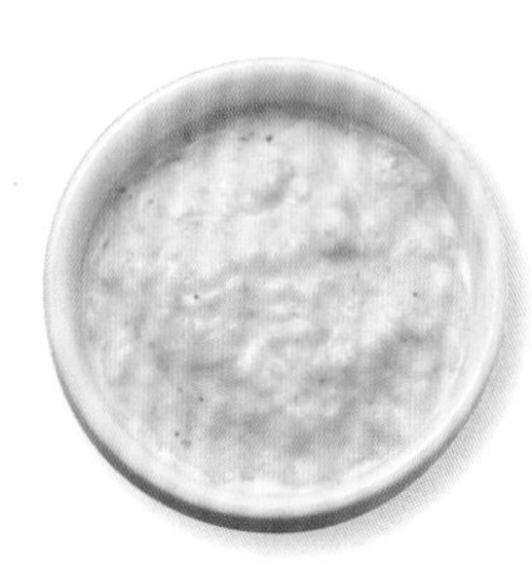

蛋黄酱白酱拌菜

适用于：鱼贝类、叶菜类等

材料

拌酱［嫩豆腐 ½ 块

蛋黄酱 2 大匙

白芝麻粉 ½ 大匙

砂糖 ½ 小匙　盐 ½ 小匙］

做法

用厨房纸巾包裹豆腐、吸掉多余水分，所有材料放进碗里，一边压碎豆腐、一边搅拌均匀，加入配菜拌匀即可。

凉拌

适用于：豆类等

材料

拌酱［蒜泥 ¼ 小匙

盐 ¼ 小匙　香油 ½ 小匙

砂糖少量］

做法

在放了配菜的碗里加入拌酱拌匀即可。

醋味凉拌

适用于：根茎类蔬菜等

材料

拌酱［柠檬汁 1 大匙

醋 3 大匙

盐 ½ 小匙　白芝麻粉适量］

做法

在放了配菜的碗里加入拌酱拌匀即可。

芥末酱凉拌

适用于：根茎类等

材料

拌酱［白芝麻粉、颗粒芥末酱、酱油、香油各 1 小匙］

做法

在放有配菜的碗里加入拌酱拌匀即可。

生鱼片

在普通的酱油上面
加入一点点的变化，
味道和适口感都能更上一层楼

土佐酱油

材料（容易制作的分量）
酱油 1 杯
高汤 ½ 杯
酒 1½ 大匙
做法
将材料放进小锅里煮到沸腾即可。

姜味酱油

材料（容易制作的分量）
酱油、高汤各 ¼ 杯
姜泥 1 ~ 2 片
韭菜末适量
做法
所有材料拌匀即可。

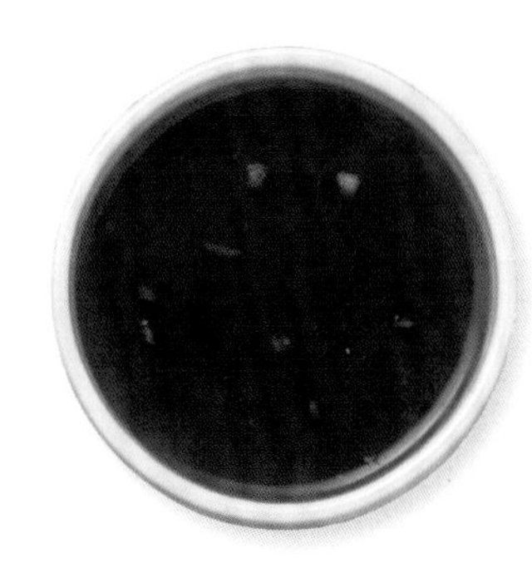

盐味柑橘醋

材料（容易制作的分量）
蜂蜜 5 大匙
柚子榨汁 2½ 大匙
柠檬汁 ¾ 杯　砂糖 2 小匙
盐 2 大匙
做法
所有材料拌匀即可。

生鱼片酱油

混搭酱油比原味酱油更适用于蘸食生鱼片，吃起来也更美味。混搭酱油口味易被接受、咸度也适中。既可享受到生鱼片的美味，也不会使本来的香味变淡。

混搭酱油材料与做法

材料
浓口酱油 2 杯
酒、味醂各 ¼ 杯
柴鱼片 10g
做法
①酱油放进锅里加热。
②加入酒、味醂。
③快要沸腾前加入柴鱼片，马上熄火。
④如果汤汁表面有浮沫就小心撇除。
⑤用滤网慢慢过滤，直接放着冷却备用即可。
（保存方式为装进玻璃瓶、放进冰箱冷藏，放置时间越长，风味和色泽就越差，请及早用完。）

凉拌豆腐

综合各种东、西方烹饪元素的酱料变化，使传统做法的凉拌豆腐变化出全新风味

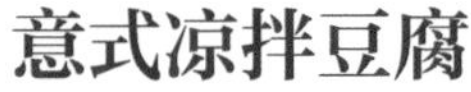

意式凉拌豆腐

材料（2 人份）

酱油 1 大匙　小番茄 4 个

干罗勒叶碎 1 小匙

起司粉 2 小匙　橄榄油 2 大匙

做法

小番茄洗净去蒂、纵切成 4 等份，将所有材料放进碗里拌匀，把沥干水分的豆腐盛盘，淋上酱料即可。

香葱味噌凉拌豆腐

材料（2 人份）

葱末 4 厘米

味噌 2 大匙　砂糖 1 ~ 1½ 大匙

水 1 大匙

做法

将所有材料放进碗里拌匀，淋在沥干水分的豆腐上即可。

榨菜与香菜的异国风味凉拌豆腐

材料（2 人份）

香菜 2 ~ 3 根　榨菜（瓶装）30g

香油 2 小匙　酱油 ½ ~ 1 小匙

白熟芝麻 1 小匙

做法

榨菜和洗净的香菜茎均切成碎末、香菜叶大致切细，将所有材料放进碗里拌匀，淋在沥干水分的豆腐上即可。

盐味葱花凉拌豆腐

材料（2 人份）

葱末 ⅓ 根

柠檬汁 ½ 大匙　香油 2 小匙

盐 ½ 小匙　粗粒黑胡椒粉 ½ 小匙

做法

将香油、盐、粗粒黑胡椒粉放进碗里拌匀，加入剩下的材料拌匀后，淋在沥干水分的豆腐上。

韩式凉拌豆腐

材料（2 人份）

酱油 ¼ 大匙

韩式辣酱 1½ 大匙

白熟芝麻 1 大匙

香油 ¼ 大匙

做法

将所有材料放进碗里拌匀，淋在沥干水分的豆腐上即可。

萝卜泥凉拌豆腐

材料（2 人份）

萝卜泥 ⅙ 根（约 100g）

酱油 1½ 大匙

柚香胡椒酱适量

做法

将萝卜泥和酱油放进碗里拌匀，淋在沥干水分的豆腐上，附上柚香胡椒酱装饰即可。

豆豉凉拌豆腐

材料（2 人份）

细葱丝 5 厘米

青葱末少量

香油 1 小匙

酱油 ½ 小匙

醋 1 大匙　豆豉 1 小匙

做法

将所有材料放进碗里拌匀，淋在沥干水分的豆腐上即可。

纳豆

可以配饭或当下酒菜，只要运用一点巧思，变化就会无限大

烫圆白菜 + 芥末蛋黄酱

材料（1 人份）
纳豆 1 盒　圆白菜 30g
蛋黄酱、芥末酱各 1 小匙
做法
圆白菜汆烫后切碎片，将纳豆、圆白菜、蛋黄酱、芥末酱拌匀即可。

鲔鱼纳豆

材料（1 人份）
纳豆 1 盒　鲔鱼 180g
山药 100g
高汤、酱油各 ½ 大匙
芥末酱 ½ 小匙
香葱末 2 根
蛋黄 1 个
大葱末、地肤子各适量
做法
把纳豆、鲔鱼、山药搅拌一下，加入高汤、酱油、芥末酱、香葱末拌匀，做成圆饼状盛盘，在正中央淋上蛋黄，再撒上大葱末和地肤子装饰即可。

柴鱼酱油香油

材料（1 人份）
纳豆 1 盒　柴鱼片 1 小撮
酱油适量
细葱末适量　香油少量
做法
将纳豆和所有材料拌匀即可。

纳豆和油豆腐的辣酱

材料（1 人份）
纳豆 1 盒　油豆腐 1 块
香油 1 大匙
A [番茄酱 2 大匙
酒、醋各 1 大匙　砂糖 1 小匙
盐、胡椒粉各少量]
做法
油豆腐用热开水冲掉多余油分、沥干水分后纵切一半，再切成 1 ~ 2 厘米厚的薄片。平底锅放香油加热，放入油豆腐煎，加入 A、纳豆拌煮一下。

香葱味噌七味

材料（1 人份）
纳豆 1 盒
味噌、酱油、七味唐辛子、葱花各适量
做法
将纳豆和所有材料拌匀即可。

秋葵纳豆的绿柑橘醋

材料（1 人份）
纳豆 1 盒　秋葵 5 个
绿柑橘醋 [柑橘醋 1 大匙
小黄瓜（切碎后滤掉水分）½ 根
葱末 1 大匙]
做法
材料洗净。秋葵先在砧板上搓揉、用热开水汆烫后沥干水分，纵切一半、去籽再切丝。将纳豆和秋葵盛盘，淋上绿柑橘醋。

柠檬 + 橄榄油

材料（1 人份）
纳豆 1 盒
柠檬（切薄片）⅛ 个
橄榄油适量
做法
将柠檬片放在纳豆上面，均匀淋上橄榄油即可。

一夜泡菜

基本做法

材料（2 ~ 3 人份）

喜欢的蔬菜 150 ~ 250g

〈腌泡汁〉适量

做法

①蔬菜汆烫后滤掉水分、切成适口大小，和腌泡汁一起放进密封保鲜袋里浸渍 1 ~ 2 小时。

②腌泡到自己喜好的程度，取出盛盘。

〈腌泡汁〉

姜汁酱油泡菜

适用于：根茎类等

材料

姜末 ⅓ 片

干红辣椒切末 ½ 根

水 ⅓ 杯　酱油 ¼ 杯

香油 ½ 大匙　砂糖 ½ 小匙

做法

所有材料拌匀，即可腌泡喜欢的蔬菜。

精力泡菜

适用于：果菜类等

材料

蒜泥 ½ 小匙

白熟芝麻、橄榄油各 1 小匙

酱油 1½ 大匙

味醂 1 大匙　水 ¼ 杯

做法

所有材料拌匀，即可腌泡喜欢的蔬菜。

梅子醋泡菜

适用于：花菜类等

材料

梅子肉干 2 个

姜泥 ½ 小匙

砂糖、酱油、醋、水各 1 大匙

做法

所有材料拌匀，腌泡喜欢的蔬菜。盛盘后撒适量柴鱼片装饰即可。

柚香胡椒泡菜

适用于：叶菜类等

材料

柚香胡椒 1 小匙　醋 ½ 杯

味醂 4 大匙

面味露（3 倍浓缩）2 大匙

做法

所有材料拌匀，腌泡喜欢的蔬菜。盛盘，撒适量七味唐辛子装饰即可。

韩国风味泡菜

适用于：叶菜类等

材料

白芝麻粉 2 小匙　水 4 大匙

香油、酱油各 1½ 大匙

做法

所有材料拌匀，腌泡喜欢的蔬菜。盛盘，放整颗蛋黄装饰即可。

芝麻味噌泡菜

适用于：叶菜类等

材料

白熟芝麻、樱花虾各 1 大匙

面味露（3 倍浓缩）、味醂、味噌各 1½ 大匙　水 ¼ 杯

做法

将白熟芝麻和樱花虾放进平底锅炒香，放进碗里冷却到不烫手的程度再磨碎，所有材料拌匀，即可腌泡喜欢的蔬菜。

柑橘醋蛋黄酱泡菜

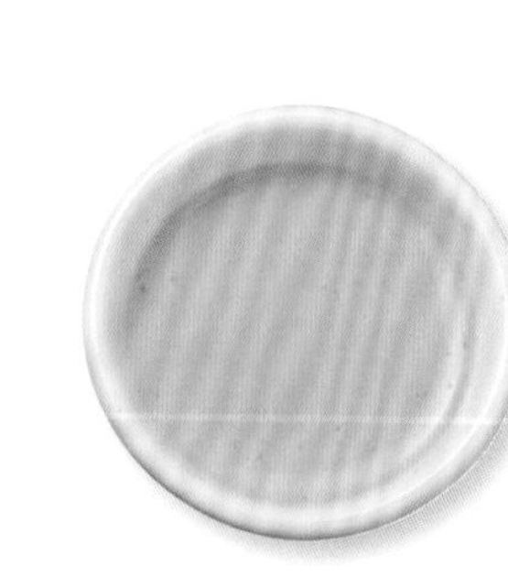

适用于：果菜类等

材料

白芝麻粉 ½ 大匙

柑橘醋酱油 1½ 大匙

蛋黄酱 1 大匙

做法

所有材料拌匀，即可腌渍喜欢的蔬菜。

韩式泡菜

适用于：叶菜类等

材料

鳕鱼子 1 块　苹果泥 1 个

蒜泥、姜泥各 2 小匙

白熟芝麻 1½ 大匙　红辣椒粉 50g

蜂蜜 2½ 大匙　盐 ½ 小匙

做法

鳕鱼子纵切一刀剖开、用汤匙刮下膜里的卵，将所有材料拌匀，放入可密封的容器，放进冰箱可冷藏 10 天、冷冻 1 个月。即可用来腌泡喜欢的蔬菜。

烫青菜

基本做法

材料（2 人份）

菠菜 200g

盐 2 小匙

烫青菜的〈调味料〉适量

做法

①菠菜切掉根的前端，用十字切划开较粗的茎后冲洗干净。把盐撒进热开水里（平均 1 升水加入 2 小匙为标准），从菠菜的根部放入，待水再次沸腾煮约 1 分钟。

②用冷水浸泡菠菜后确实拧干水分，切成 4~5 厘米长的段。用 ⅓ 烫青菜的调味料拌菠菜、盛盘，淋上剩下的烫青菜的调味料。

〈调味料〉

基础款烫青菜

适用于：绿菜叶类

材料

高汤 1 杯

薄口酱油、味醂各 2½ 大匙

盐少量

做法

所有材料放进锅里煮沸后冷却，淋在喜欢的蔬菜上拌匀即可。

山葵醋拌烫青菜

适用于：叶菜类等

材料

薄口酱油 1 小匙　醋 2 大匙

味醂、山葵酱各 2 小匙

盐 ½ 小匙

做法

所有材料拌匀，淋在喜欢的蔬菜上拌匀即可。

芝麻醋拌烫青菜

适用于：叶菜类等

材料

白芝麻粉 1 大匙

醋、味醂、酱油各 1 小匙

做法

在碗里拌匀所有材料，淋在喜欢的蔬菜上即可。

醋

除了能在做菜时增添酸味之外，还有防腐、缓解油腻感、衬出醇度与甜味等烹调效果。此外，醋能帮助食材中的钙质吸收。通常，以米、麦、酒粕为原料做成的醋较常见，世界各地也都有带有当地特色的醋，其中以由葡萄制成的葡萄酒醋和意式陈年葡萄醋、由大麦制成的麦芽醋、由苹果制成的苹果醋等比较知名。

米醋

用米做原料，由酒精发酵制成的醋，具备浓醇滑顺的味道。

谷物醋

制作原料中含有谷物，味道清爽，可以应用在各式菜肴上。

黑醋

原料为米、醋曲、水，也很适合饮用。含有丰富的必需氨基酸，也是受欢迎的健康食品。

苹果醋

用苹果果汁加酵母制成的苹果酒，加醋酸菌再发酵制成的产品，常用于沙拉或意式腌渍食物的制作。

葡式腌渍

基本做法

材料（2 人份）

小竹荚鱼 8 条　〈葡式酱〉、盐、胡椒粉各适量　胡萝卜⅓根面粉适量　鸭儿芹 ¼ 根

做法

①小竹荚鱼刮掉两侧的硬鳞、取出内脏后，用水冲洗干净、沥干，撒上盐和胡椒粉。把面粉放进塑料袋里，放入小竹荚鱼在袋里均匀蘸裹面粉。

②炸油加热到 170 ~ 180℃，放入小竹荚鱼炸 4 ~ 5 分钟。沥干油分后，马上放进葡式酱里，加入胡萝卜丝腌渍 10 ~ 15 分钟，最后加入切成 1 厘米长的鸭儿芹，待全部入味后盛盘。

〈葡式酱〉

基础款葡式酱

适用于：鸡肉、青鱼等

材料

醋 2 大匙　高汤（或水）2 大匙

酱油 1½ 大匙　砂糖 1 大匙　干红辣椒 ½ 个

做法

所有材料放进碗里拌匀，在步骤②浸渍炸好的食材即可。

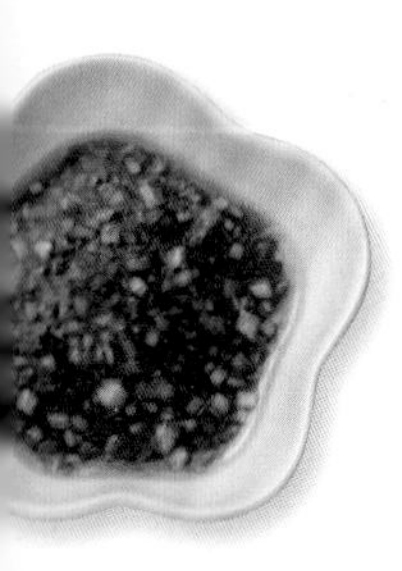

香料蔬菜的清爽型葡式酱

适用于：猪肉、鸡肉、果菜类等

材料

葱末 1 大匙　蒜末、姜末各 1 小匙　香油 1 小匙

醋、酱油、水各 2 大匙　砂糖 1 大匙

做法

所有材料放进碗里拌匀，在步骤②浸渍炸好的食材即可。

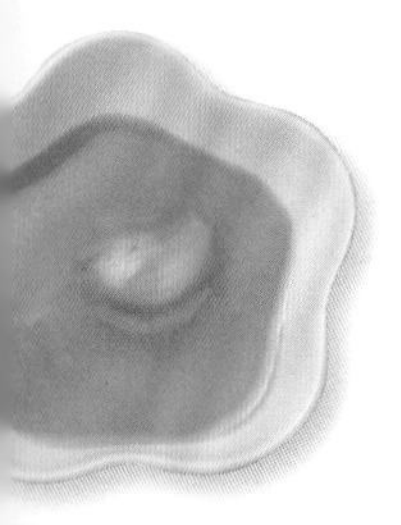

意式葡式酱

适用于：青鱼、白肉鱼等

材料

大蒜 1 瓣　橄榄油、白酒各 5 大匙

醋 ¼ 杯　砂糖、盐各 1 小匙

做法

大蒜用木铲等拍碎，加入剩下的材料拌匀，在步骤②浸渍炸好的食材即可。

意式腌渍

基本做法

材料（容易制作的分量）

熏鲑鱼 100g　番茄 1 个

烫熟的章鱼 50g　〈意式腌渍汁〉适量

鲔鱼 50g　什锦生菜叶 1 袋

鲷鱼 50g

做法

①章鱼、鲔鱼、鲷鱼切薄片，番茄切成一口大小。

②将食材和意式腌渍液放进大碗里，用手搓揉拌匀，放进冰箱冷藏一晚。在盘里铺好综合生菜叶，再盛上腌渍好的食材即可。

〈意式腌渍汁〉

基础款腌渍汁

适用于：鱼贝类等

材料

醋 4 大匙　盐 2 小匙

砂糖、橄榄油各 2 大匙

做法

所有材料放进碗里拌匀，加入喜欢的蔬菜和鱼贝类腌渍使入味即可。

咖喱腌渍汁

适用于：蔬菜、鱼贝类

材料

醋 ½ 杯　咖喱粉 3 大匙

蜂蜜 2 大匙　盐 2 小匙

做法

所有材料放进碗里拌匀，加入喜欢的蔬菜和鱼贝类腌渍使入味即可。

和风腌渍汁

适用于：蔬菜等

材料

橄榄油 1 大匙　酱油 1 小匙

盐 ¼ 小匙　砂糖少量

做法

所有材料放进碗里拌匀，加入喜欢的蔬菜和鱼贝类腌渍使入味即可。

生春卷

做法简单到让人感到意外，蘸着带有异国风味的调味料格外美味

基本做法

材料（2 人份）

虾 4 个　萝卜芽菜 ½ 盒

小黄瓜 ½ 根　生春卷的〈蘸酱〉适量

米纸 4 张

做法

①虾快速汆烫后去壳、厚度切半，小黄瓜纵切细丝。

②米纸的两面用喷雾器加湿，平摊在较大的盘子上。

③将虾、小黄瓜、萝卜芽菜分成 4 等份的量，放在米纸上卷起来，切成适口大小。盛盘，蘸生春卷的蘸酱享用。

〈蘸酱〉

鱼露蘸酱

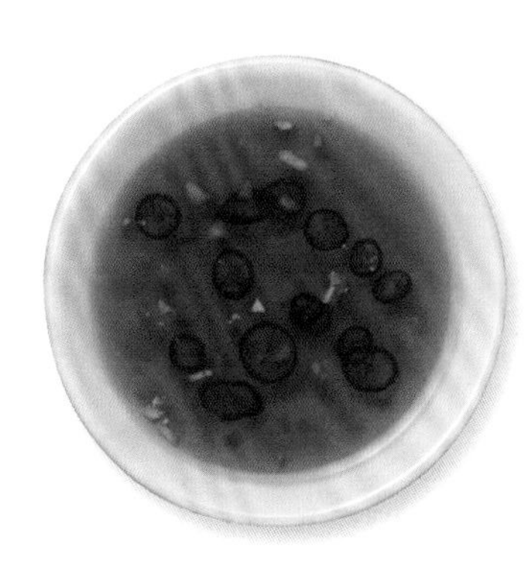

材料

越南鱼露、柠檬汁各 1 大匙

蜂蜜 2 小匙

干红辣椒（切末）1 个

蒜末 1 小匙

做法

所有材料拌匀即可。

甜辣酱蘸酱

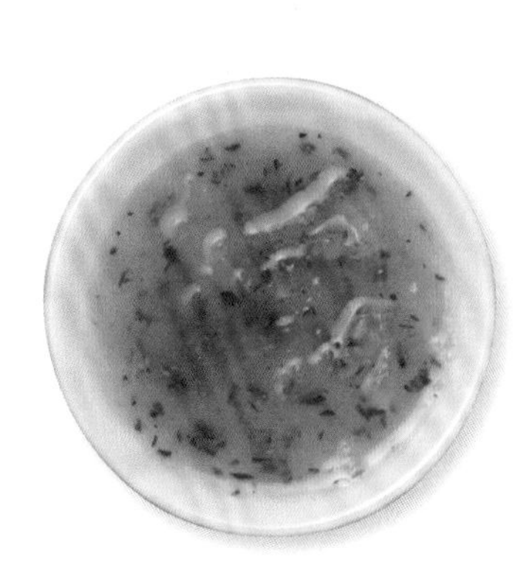

材料

醋、砂糖、水各 2 大匙

泰式鱼露 1 小匙

蒜泥 1 小匙

生红辣椒 ½ ~ 1 个

马铃薯水淀粉 1 小匙

做法

生红辣椒放进袋子里压碎，所有材料放进耐热容器里拌匀，送进微波炉（500W）加热约 1 分钟。取出搅拌，待马铃薯水淀粉变透明再加热 20 ~ 30 秒。

甜面酱蘸酱

材料

甜面酱 1 大匙

泰式鱼露 2 小匙　水 1 小匙

花生（切碎末）适量

做法

所有材料拌匀即可。

甜辣酱

微辣加上甜味和酸味的酱汁。由于甜度很高，如果不喜欢可以减少砂糖用量。除了蘸生春卷，也可以和蛋黄酱或香油调配成沙拉酱，当作腌料腌渍肉类也很好吃。本书中介绍的是手作食谱，也有市售成品，家里备一瓶，可使菜肴的味道更丰富。

调味料别索引

酱油

盐

味噌

醋

柑橘醋

番茄酱

蛋黄酱

特殊酱料

蚝油

日式高汤

西式高汤

中式高汤

葡萄酒

甜面酱

韩式辣椒酱

梅

咖喱

芝麻

鱼露

橄榄油

番茄

图书在版编目（CIP）数据

大厨不外传的黄金比例调酱秘诀571 / 日本学研社著;
颢妍译. — 北京 : 中国轻工业出版社, 2024.3
ISBN 978-7-5184-4517-2

I. ①大… II. ①日… ②颢… III. ①调味酱—制作
IV. ①TS264.2

中国国家版本馆CIP数据核字（2023）第160968号

责任编辑：卢　晶　　责任终审：李建华　　设计制作：梧桐影
策划编辑：卢　晶　　责任校对：朱燕春　　责任监印：张京华

出版发行：中国轻工业出版社（北京鲁谷东街 5 号，邮编：100040）
印　　刷：北京华联印刷有限公司
经　　销：各地新华书店
版　　次：2024年3月第1版第1次印刷
开　　本　787×1092　1/16　印张：8
字　　数：200千字
书　　号：ISBN 978-7-5184-4517-2　定价：68.00元
邮购电话：010-85119873
发行电话：010-85119832　　010-85119912
网　　址：http://www.chlip.com.cn
Email: club@chlip.com.cn

201678S1X101ZYW